宠物处方药速查手册

第二版

刘建柱 主编

中国农业出版社
北 京

内容简介

本书以农业部公告第1997号、第2471号和农业农村部公告第245号公布的兽用处方药为基础，选择宠物可以使用的处方药，从药物的性状、作用与用途、制剂、用法与用量、配伍禁忌、注意事项和不良反应等几方面进行了叙述。本书文字简练，通俗易懂，方便查询，可作为宠物医院的常备用书，也可供普通高等院校和高等职业院校的师生以及宠物行业从业人员参考。

编写人员

主　编：刘建柱

副主编：戴培强　王金纪　孙培功　高玉刚
张艳菊　闫广伟

参　编：杜福娇　张　琳　宋凯敏　刘晓婷
刘玉权　李新杰　雷谦谦　毛迎雪
刘　霞　高忆凡　蒋猛林　杨孟豪
曲　瑶　张治中　赵茜曼　王胜男
吕昌洋　才冬杰　郝佳佳　郝　盼
张　璐　张立梅　郭晓程　杜永振

PREFACE 2 第二版前言

以农业部公告第1997号发布的《兽用处方药品种目录（第一批）》中的处方药名单为基础，《宠物处方药速查手册》已经出版了10年，在这期间，农业部和农业农村部又发布了两个关于兽医处方药的公告（中华人民共和国农业部公告第2471号和中华人民共和国农业农村部公告第245号），将41种药物纳入到处方药管理范围。本次修订除了添加两次公告新纳入的药物以外，在介绍每种药物性状、作用与用途、制剂、用法与用量和注意事项等基础上增加了配伍禁忌和不良反应两方面内容，以便更适合广大读者使用。

本书文字简练，通俗易懂，可作为宠物医院的常备用书，也可供动物医学、动物科学专业的师生以及宠物行业从业人员参考。

由于编者的水平有限，本书可能存在不少缺点，恳请广大读者批评指正，提出宝贵意见，以便再版时加以修改补充。

刘建柱

2023年6月于山东农业大学

PREFACE 1 第一版前言

宠物疾病治疗过程中抗生素的不规范使用，是宠物主人及宠物医生应该高度重视的问题，尤其是2013年以英国为发源地的超级细菌已经开始在多个国家被发现。长期如此下去，最终我们的宠物诊疗也将会出现治疗疾病无抗生素可用的悲惨局面。因此，如何在宠物身上合理应用抗生素是我们急待解决的大问题！

本书根据农业部公告第1997号发布的《兽用处方药品种目录（第一批）》中的处方药名单，经认真筛选，选择宠物可以使用的处方药，介绍这些药物的性状、作用与用途、制剂、用法与用量、注意事项等。

本书文字简练，通俗易懂，可作为宠物医院的常备用书，也可供动物医学、动物科学专业的师生以及宠物行业从业人员参考。

本书在编写过程中参阅了相关学者的大量资料，并得到了中国农业出版社养殖业出版分社黄向阳社长和中国兽医协会宋华宾主任的大力支持与帮助，在此一并表示衷心的感谢！

由于编者的水平有限，本书可能存在不少缺点，恳请广大读者批评指正，提出宝贵意见，以便再版时加以修改补充。

刘建柱

2014年1月于山东农业大学

CONTENTS 目 录

第二章 抗寄生虫药

第三章 中枢神经系统药物

第八章 局部用药物

第九章 解毒药

第一章 PART ONE

抗微生物药

第一节　抗生素类

一、β-内酰胺类

注射用青霉素钠
Benzylpenicillin Sodium for Injection

【性状】

白色结晶性粉末，无臭或微有特异性臭，有引湿性。

遇酸、碱或氧化剂等迅速失效，水溶液在室温下放置易失效。

本品在水中极易溶解，在乙醇中溶解。

在脂肪油或液状石蜡中不溶。

【作用与用途】

窄谱性抗生素。

主要作用于革兰氏阳性菌、革兰氏阴性球菌、嗜血杆菌及螺旋体、放线菌等，在细菌繁殖期起杀菌作用。

在较低浓度时仅有抑菌作用，而在较高浓度时则有强大的杀菌作用。

对青霉素敏感的病原菌有：链球菌、葡萄球菌、化脓放线菌、破伤风梭菌、炭疽芽孢杆菌、产气荚膜梭菌、梭状芽孢杆菌、李氏杆菌、钩端螺旋体等。对革兰氏阴性杆菌如大肠杆菌、沙门菌、布鲁菌等作用很弱，而对分枝杆菌、衣原体、立克次体、真菌、病毒等无效。

主要用于治疗对青霉素敏感的病原菌所引起的各种感染，如犬、猫的乳腺炎、子宫炎、化脓性腹膜炎和创伤感染；肾盂等尿道感染及气管炎、肺炎等呼吸道疾病；其他由葡萄球菌引起的感染等。

【制剂】

0.25 克（40 万国际单位）；0.5 克（80 万国际单位）；0.625 克（100 万国际单位）；1.0 克（160 万国际单位）。

【用法与用量】

临用前以适量灭菌注射用水使药物溶解后应用。

静脉注射、肌内注射或皮下注射。

一次量，犬、猫每千克体重 20 000～40 000 国际单位，每隔 6～8 小时 1 次。

【注意事项】

毒性很小，但因有刺激性，故应避免直接注入脑脊液内，否则可能引起兴奋、搐搦和惊厥等。

还应避免大剂量静脉快速推注，以免引起高血钠症等不良反应。

【配伍禁忌】

丙磺舒、阿司匹林、保泰松、磺胺类药对青霉素的排泄有阻滞作用，合用可升高青霉素类的血药浓度，也可增加毒性。

氯霉素、红霉素、四环素类等抑菌剂对青霉素的杀菌活性有干扰作用，不宜合用。

因可产生浑浊、絮状物或沉淀，两性霉素 B、盐酸林可霉素、酒石酸去甲肾上腺素、盐酸土霉素、B 族维生素及维生素 C 不宜与本品混合。

【不良反应】

犬有过敏反应的报道，于注射后呈现流汗、兴奋、不安、

肌肉震颤、呼吸困难、站立不稳，有时可见荨麻疹，眼睑、头面部水肿等症状。因此，用药后要仔细观察，一旦出现不良反应，要立即进行对症治疗，严重者可肌内或静脉注射肾上腺素、皮质激素等进行抢救。

注射用青霉素钾
Benzylpenicillin Potassium for Injection

【性状】

白色结晶性粉末，无臭或微有特异性臭，有引湿性。

遇酸、碱或氧化剂等迅速失效，水溶液在室温下放置易失效。

本品在水中极易溶解。

【作用与用途】

见注射用青霉素钠。

【制剂】

0.25克（40万国际单位）；0.5克（80万国际单位）；0.625克（100万国际单位）；1.0克（160万国际单位）；2.5克（400万国际单位）。

【用法与用量】

临用前以适量灭菌注射用水使本品溶解后应用。

肌内注射、静脉注射。

一次量，犬、猫每千克体重20 000～40 000国际单位，每隔6～8小时1次，连用2～3日。

【注意事项】

用大剂量青霉素钾静脉注射尤为禁忌。

【配伍禁忌】

大环内酯类、四环素类和酰胺醇类等快效抑菌剂对青霉素的杀菌活性有干扰作用，不宜合用。

重金属离子（尤其是铜、锌、汞）、醇类、酸、碘、氧化剂、还原剂、羟基化合物以及呈酸性的葡萄糖注射液或盐酸四环素注射液等可破坏青霉素的活性，禁止配伍。

【不良反应】

肌内注射青霉素钾盐可引起局部硬结。

其他同注射用青霉素钠。

氨苄西林混悬注射液
Ampicillin for Injectable Suspension

【性状】

白色或类白色混悬剂。

【作用与用途】

对革兰氏阳性球菌和杆菌（包括厌氧菌）的抗菌作用基本与青霉素相同。

适用于敏感致病菌所导致的呼吸道感染、泌尿系统感染、消化道感染、耳鼻喉感染、皮肤和软组织感染以及淋病等。

【制剂】

100 毫升：15 克。

【用法与用量】

肌内注射、静脉注射或皮下注射。

一次量，犬、猫每千克体重 10～40 毫克，每隔 6～8 小时 1 次。

【注意事项】

对青霉素类、头孢菌素类药物过敏者或青霉素皮肤试验阳性病犬禁用。

使用前要先混匀。

注射用氨苄西林钠
Ampicillin Sodium for Injection

【性状】

白色或类白色的粉末或结晶；无臭或微臭，味微苦，有引湿性。

在水中易溶，在乙醇中略溶，在乙醚中不溶。

10%水溶液的 pH 应为 8～10。

【作用与用途】

广谱青霉素。

对大多数革兰氏阳性菌的抗菌效力与青霉素 G 相同或稍弱。

对多数革兰氏阴性菌也有较强的抗菌作用，如大肠杆菌、沙门菌、副嗜血杆菌、布鲁菌、巴氏杆菌均对本品敏感。但对铜绿假单胞菌、肺炎克雷伯菌等无效，对青霉素酶不稳定。

氨苄西林对革兰氏阴性杆菌的抗菌效力较氯霉素、四环素略强或相仿。

内服或注射后均易吸收，吸收后可分布到各组织中，在胆汁、肾、子宫等浓度较高，主要由尿和胆汁排出。

本品的消除率和血清蛋白结合率均比青霉素 G 低，前者为青霉素 G 的 1/2，后者为青霉素 G 的 1/10。

氨苄西林的毒性低微，如给犬内服，每千克体重 0.25 克，每日 2 次，4 周后除轻微腹泻外，未见其他毒性反应。

主要用于治疗对其敏感的细菌引起的肺部、肠道和尿道感染等。也可用于犬、猫的诺卡菌病。

【制剂】

0.5 克；1 克；2 克。

【用法与用量】

一般感染，肌内注射、静脉注射或皮下注射。一次量，犬、猫每千克体重 10～40 毫克，每隔 6～8 小时 1 次。

中枢神经系统感染或严重细菌感染，静脉注射，犬、猫每千克体重 40 毫克，每隔 6 小时 1 次。

【注意事项】

对青霉素类过敏的动物禁用本品。

本品钠盐溶解后应立即使用。

本品在酸性葡萄糖溶液中分解较快，有乳酸和果糖存在时亦使稳定性降低，故宜以中性溶液作为溶剂。

【配伍禁忌】

与本品溶液有配伍禁忌的药物包括：庆大霉素、阿米卡星、卡那霉素、红霉素、链霉素、吉他霉素、磺胺嘧啶钠、米诺环素、土霉素、四环素、多黏菌素 B、林可霉素、克林霉素、氟康唑、甲硝唑、苯巴比妥钠、戊巴比妥钠、硫喷妥钠、丁卡因、阿托品、利多卡因、去甲肾上腺素、肾上腺素、多巴胺、氨茶碱、鱼精蛋白、右旋糖酐、异丙嗪、甲泼尼龙、氢化可的松、维生素 B_1、维生素 B_6、维生素 C、复合维生素 B 与 C、氯化钙、葡萄糖酸钙、乳酸钠、5%葡萄糖、葡萄糖氯化钠、碳酸氢钠等。

【不良反应】

本类药物可出现与剂量无关的过敏反应，表现为皮疹、发热、嗜酸性粒细胞增多、白细胞和血小板减少、贫血、淋巴结病或全身性过敏反应。

注射用氯唑西林钠
Cloxacillin Sodium for Injection

【性状】

白色粉末或结晶性粉末。

有吸湿性，溶于水及乙醇。

10%水溶液的 pH 应为 5～7。

【作用与用途】

本品与苯唑西林的抗菌谱相似，但抗菌活性有所增强。

对大多数革兰氏阳性菌特别是耐青霉素金黄色葡萄球菌有效，对葡萄球菌、链球菌（特别是耐药菌株）等具有杀菌作用。

属于半合成耐酸耐酶青霉素。其优点是不论内服还是肌内注射，均比苯唑西林吸收好，因而血中浓度较高。

【制剂】

0.5 克；1 克；2 克。

【用法与用量】

肌内注射，一次量，犬、猫每千克体重 10～20 毫克，每日 2～3 次。

【注意事项】

肾功能严重减退时应适当减少剂量。

其他参见注射用青霉素钠。

阿莫西林注射液
Amoxicillin Injection

【性状】

类白色至浅黄色的混悬油溶液。

静置后，有乳白色沉降物，注射前摇匀后使用。

低温季节，预先用温水加热至 37℃左右。

【作用与用途】

临床上对呼吸道、泌尿道、皮肤、软组织及肝胆系统等感染的疗效较好。

本品与氨苄西林有完全的交叉耐药性。

可用于犬、猫的敏感菌感染，如敏感金黄色葡萄球菌、链球菌、大肠杆菌、巴氏杆菌和变形杆菌引起的呼吸道感染、泌尿生殖道感染和胃肠道感染以及多种细菌引起的皮炎和软组织感染。

也可用于治疗犬、猫的细菌性口炎。

【制剂】

10 毫升：1.5 克。

【用法与用量】

肌内注射、静脉注射或皮下注射。

一次量，犬、猫每千克体重 10～20 毫克，每隔 8～12 小时 1 次。

【注意事项】

同注射用青霉素钠。

【配伍禁忌】

氯霉素、大环内酯类、磺胺类和四环素类药物在体外能干扰阿莫西林的抗菌作用。

注射用阿莫西林钠
Amoxicillin Sodium for Injection

【性状】

近白色结晶粉末，无臭或微臭，味微苦。

微溶于水。

对酸稳定，在碱性溶液中很快被破坏。

【作用与用途】

同阿莫西林注射液。

【制剂】

0.5 克。

【用法与用量】

肌内注射、静脉注射或皮下注射。

一次量，犬、猫每千克体重 10～20 毫克，每隔 8～12 小时 1 次。

【注意事项】

对青霉素过敏的动物禁用。

【配伍禁忌】

同阿莫西林注射液。

【不良反应】

偶见过敏反应，注射部位有刺激性。

阿莫西林片
Amoxicillin Tablets

【性状】

白色或类白色片。

【作用与用途】

同阿莫西林注射液。

【制剂】

0.125 克；0.25 克。

【用法与用量】

内服。

一次量，犬、猫每千克体重 10～20 毫克，每隔 8～12 小时 1 次。

【注意事项】

对青霉素耐药的革兰氏阳性菌感染不宜使用。

【配伍禁忌】

同阿莫西林注射液。

【不良反应】

按规定的用法与用量使用未见不良反应。

阿莫西林克拉维酸钾注射液
Amoxicillin Sodium and Clavulanate Potassium Injection

【性状】

无色透明液体。

对酸稳定，在碱性溶液中很快被破坏。

【作用与用途】

阿莫西林克拉维酸钾是一种阿莫西林和克拉维酸钾的复方制剂，本品抗菌谱与阿莫西林相同或有所扩大。

克拉维酸钾具有强大的广谱β-内酰胺酶抑制作用，与阿莫西林两者合用，可保护阿莫西林免遭β-内酰胺酶水解。

本品对产酶金黄色葡萄球菌、表皮葡萄球菌、凝固酶阴性葡萄球菌及肠球菌均具有良好作用，对某些产β-内酰胺酶的肠杆菌科细菌、副嗜血杆菌、卡他莫拉菌、脆弱拟杆菌等也有较好抗菌活性。

【制剂】

50毫升（7克阿莫西林＋1.75克克拉维酸钾）；100毫升（14克阿莫西林＋3.5克克拉维酸钾）。

【用法与用量】

静脉注射、肌内注射。

一次量，犬、猫每千克体重10～20毫克（以阿莫西林计），每隔8～12小时1次。

【注意事项】

禁用于对青霉素类药物过敏的动物。

禁用于肾脏功能不全、出现少尿无尿症状的动物。

对青霉素类过敏的人员不要接触本品。

给药人员皮肤出现红疹时要尽快就医，若嘴唇、眼睑和脸

部肿胀、呼吸困难要立即拨打急救电话。

【配伍禁忌】

大环内酯类、四环素类和酰胺醇类等快效抑菌剂对本品的杀菌作用有干扰，不宜合用。

【不良反应】

本品含有半合成青霉素（阿莫西林），有产生过敏反应的潜在可能。如发生过敏反应可使用肾上腺素和/或类固醇治疗。

阿莫西林克拉维酸钾片
Amoxicillin and Clavulanate Potassium Tablets

【性状】

淡粉红色至粉红色片。

【作用与用途】

β-内酰胺类抗生素。用于治疗犬革兰氏阳性和阴性敏感细菌的感染，如脓皮病等皮肤感染。

【制剂】

50毫克；250毫克；500毫克。

【用法与用量】

按（阿莫西林＋克拉维酸钾）计，内服。

一次量，每千克体重，犬12.5毫克，每日2次，连用7日。

【注意事项】

禁用于对青霉素类药物过敏的动物。

禁用于肾脏功能不全、出现少尿无尿症状的动物。对青霉素类过敏的人员不要接触该品。

给药人员皮肤出现红疹时要尽快就医，若嘴唇、眼睑和脸部肿胀、呼吸困难要立即拨打急救电话。

【配伍禁忌】

大环内酯类、四环素类和酰胺醇类等快效抑菌剂对本品的杀菌作用有干扰，不宜合用。

【不良反应】

本品含有半合成青霉素（阿莫西林），有产生过敏反应的潜在可能。如发生过敏反应，可使用肾上腺素和/或类固醇治疗。

阿莫西林硫酸黏菌素注射液
Amoxicillin and Colistin Sulfate Injection

【性状】

无色至淡黄色混悬型液体。

【作用与用途】

阿莫西林对革兰氏阴性菌，如大肠杆菌、变形杆菌、沙门菌、嗜血杆菌、布鲁菌和巴氏杆菌等有较强的作用，但这些细菌易产生耐药性。对铜绿假单胞菌不敏感。由于其在单胃动物的吸收比氨苄西林好，血药浓度较高，故对全身性感染的疗效较好。适用于敏感菌所致的呼吸系统、泌尿系统、皮肤及软组织等全身感染。

黏菌素属多肽类，是一种碱性阳离子表面活性剂，通过与细菌细胞膜内的磷脂相互作用，渗入细菌细胞膜内，破坏其结构，进而引起细胞膜通透性发生变化，导致细菌死亡，产生杀菌作用。两药联合应用对于治疗犬、猫因大肠杆菌和沙门菌引起的肠道问题有特效。

【制剂】

100 毫升：含阿莫西林 10 克，硫酸黏菌素 2.5 克。

【用法与用量】

肌内注射。

一次量，每千克体重0.1～0.2毫升，每日1次，连用3～5日。

【注意事项】

本品使用前应充分摇匀；不宜冷冻保存。

对青霉素类药物过敏的动物禁用本品。

有青霉素和头孢菌素类药物过敏史的工作人员禁止接触本品。

避免超剂量使用，当剂量大于推荐剂量的3倍量（0.6毫升）时，应慎重使用。当一次注射体积超过6毫升时，宜分点注射。

【不良反应】

本品因含硫酸黏菌素而具有肾毒性和神经毒性。

本品局部注射体积过大会引起疼痛增加，注射部位出现肌肉变性、水肿等。

注射用苯唑西林钠
Oxacillin Sodium for Injection

【性状】

白色粉末或结晶性粉末。

无臭或微臭。

易溶于水，在丙酮或丁醇中极微溶解。

应密封并在干燥处保存。

【作用与用途】

不但耐酶，而且耐酸，因此内服有效，可吸收药量达30%～33%。

抗菌作用比甲氧苯青霉素强，对耐药性金黄色葡萄球菌具有杀菌作用。

临床上主要用于治疗耐药性金黄色葡萄球菌引起的感染和

表皮葡萄球菌的周围感染，如败血症、肺炎、乳腺炎，皮肤和软组织等部位的感染，或与链球菌共同引起的混合感染。

【制剂】

0.5 克；1 克。

【用法与用量】

肌内注射。

一次量，犬、猫每千克体重 15～20 毫克，每日 2～3 次，连用 2～3 日。

【注意事项】

长期应用可出现中性粒细胞减少，但多伴有白细胞减少。

妊娠、幼龄宠物慎用。

本品水溶液不稳定，溶解稀释后在室温储存应在 12 小时内使用；冰箱保存，3 日内使用。

【配伍禁忌】

对青霉素类药物过敏的动物禁用。

本品与头孢菌素有交叉过敏性，对头孢菌素类药物过敏的动物慎用。

【不良反应】

个别动物会出现皮疹、药物热等过敏反应。

本品可引起间质性肾炎，出现发热、嗜酸性粒细胞增多以及皮疹，尿液检查显示白细胞、管型及尿蛋白，也有少尿及氮质血症。如发现上述情况应停药，严重者可使用皮质激素治疗。

注射用普鲁卡因青霉素
Procaine Benzylpenicillin for Injection

【性状】

白色结晶粉末。

在甲醇中易溶，在乙醇或氯仿中略溶，在水中微溶。

遇酸、碱或氧化剂等即迅速失效。

【作用与用途】

普鲁卡因青霉素为青霉素的普鲁卡因盐。

肌内注射后，青霉素在局部缓慢释放和吸收。

作用较青霉素持久，但血中有效浓度低，限用于对青霉素高度敏感的病原菌感染，不宜用于治疗严重感染。

为能在较短的时间内升高血药浓度，可与青霉素钠（钾）混合制成注射剂，以兼顾长效和速效。

【制剂】

40万国际单位［普鲁卡因青霉素30万国际单位+青霉素钠（钾）10万国际单位］；80万国际单位［普鲁卡因青霉素60万国际单位+青霉素钠（钾）20万国际单位］；160万国际单位［普鲁卡因青霉素120万国际单位+青霉素钠（钾）40万国际单位］。

【用法与用量】

临用前加适量灭菌注射用水制成混悬液。

肌内注射。

一次量，犬、猫每千克体重3万～4万国际单位；每日1次，连用2～3日。

【注意事项】

只供肌内注射，禁止静脉注射给药。

不宜单独用于治疗敏感菌所致的严重感染。

对青霉素过敏的动物禁用。

【配伍禁忌】

大环内酯类、四环素类和酰胺醇类等快效抑菌剂对青霉素的杀菌活性有干扰作用，不宜合用。

重金属离子（尤其是Cu^{2+}、Zn^{2+}、Hg^{2+}）、醇类、酸、碘、氧化剂、还原剂、羟基化合物，呈酸性的葡萄糖注射液或盐酸四环素注射液等可破坏青霉素的活性。

本品与盐酸氯丙嗪、盐酸林可霉素、酒石酸去甲肾上腺素、盐酸土霉素、盐酸四环素、B族维生素或维生素C不宜混合，否则可产生混浊、絮状物或沉淀。

【不良反应】

主要为过敏反应，大多数家畜均可发生，但发生率较低。局部反应表现为注射部位水肿、疼痛，全身反应为荨麻疹、皮疹，严重者可引起休克或死亡。

对某些动物，青霉素可诱导胃肠道的二重感染。

普鲁卡因青霉素注射液
Procaine Benzylpenicillin Injection

【性状】

无色液体。

【作用与用途】

同注射用普鲁卡因青霉素。

【制剂】

10毫升：300万国际单位（普鲁卡因青霉素2 967毫克）；10毫升：450万国际单位（普鲁卡因青霉素4 451毫克）。

【用法与用量】

肌内注射。

一次量，犬、猫每千克体重3万～4万国际单位；每日1次，连用2～3日。

【注意事项】

只供肌内注射，禁止静脉注射给药。

不宜单独用于治疗敏感菌所致的严重感染。

对青霉素过敏的动物禁用。

【配伍禁忌】

大环内酯类、四环素类和酰胺醇类等快效抑菌剂对青霉素的杀菌活性有干扰作用，不宜合用。

重金属离子（尤其是 Cu^{2+}、Zn^{2+}、Hg^{2+}）、醇类、酸、碘、氧化剂、还原剂、羟基化合物，呈酸性的葡萄糖注射液或盐酸四环素注射液等可破坏青霉素的活性，属配伍禁忌。

与一些药物溶液（如盐酸氯丙嗪、盐酸林可霉素、酒石酸去甲肾上腺素、盐酸土霉素、盐酸四环素、B族维生素及维生素C）不宜混合，否则可产生混浊、絮状物或沉淀。

【不良反应】

主要是过敏反应，大多数家畜均可发生，但发生率较低。局部反应表现为注射部位水肿、疼痛，全身反应为荨麻疹、皮疹，严重者可引起休克或死亡。

对某些动物，可诱导胃肠道的二重感染。

注射用苄星青霉素
Benzathine Benzylpenicillin for Injection

【性状】

白色结晶性粉末。

极难溶于水，略溶于乙醇。

【作用与用途】

用于革兰氏阳性菌感染。

适用于对青霉素高度敏感细菌所致的轻度或慢性感染，如葡萄球菌、链球菌和厌氧性梭菌等感染引起的肾盂肾炎、子宫蓄脓、乳腺炎和复杂骨折等。

也可用于预防或需要长期用药的病例，如长途运输时用以预防各种呼吸道感染、复杂性骨折等。

在较低浓度时仅有抑菌作用，而在较高浓度时则有强大的杀菌作用。

【制剂】

30 万国际单位；60 万国际单位；120 万国际单位。

【用法与用量】

临用前加适量灭菌注射用水，制成混悬液供肌内注射用。

一次量，犬、猫每千克体重 4 万～5 万国际单位，必要时 3～4 日重复 1 次。

【注意事项】

本品不耐酸，不宜口服。

肌内注射后，慢慢释出青霉素，因而起效慢，作用持久。

由于在血液中浓度较低，故不能替代青霉素用于急性感染。

【配伍禁忌】

大环内酯类、四环素类和酰胺醇类等快效抑菌剂对苄星青霉素的杀菌活性有干扰作用，不宜合用。

重金属离子（尤其是 Cu^{2+}、Zn^{2+}、Hg^{2+}）、醇类、酸、碘、氧化剂、还原剂、羟基化合物，呈酸性的葡萄糖注射液或盐酸四环素注射液等可破坏其活性，属配伍禁忌。

本品与一些药物溶液，如盐酸氯丙嗪、盐酸林可霉素、酒石酸去甲肾上腺素、盐酸土霉素、盐酸四环素、B 族维生素及维生素 C 不宜混合，否则可产生混浊、絮状物或沉淀。

【不良反应】

本品的安全范围广，主要的不良反应是过敏反应，但发生率较低。

局部反应表现为注射部位水肿、疼痛，全身反应为荨麻疹、皮疹，严重者可引起休克或死亡。

二、头孢菌素类

注射用头孢噻呋
Ceftriaxone for Injection

【性状】

类白色至淡黄色疏松块状物。

在水中不溶，在丙酮中微溶，在乙醇中几乎不溶。

制成钠盐或盐酸盐供注射用。

【作用与用途】

本品具有广谱杀菌作用，是第三代头孢菌素类，对革兰氏阳性菌、阴性菌（包括产β-内酰胺霉菌）均有效。

抗菌活性比氨苄西林强，对链球菌的活性比喹诺酮类强。

与氨基糖苷类药物联合使用有协同作用，与丙磺舒合用可提高血中药物浓度和延长半衰期。

临床上可用于治疗犬因大肠杆菌和奇异变形菌引起的泌尿道感染。

本品内服不吸收，肌内注射和皮下注射吸收迅速。

【制剂】

1克。

【用法与用量】

皮下注射。

一次量，犬每千克体重2.2～4.4毫克，每日1次，连用3～5日。

【注意事项】

本品可能会引起胃肠道菌群紊乱或二重感染。

本品主要经由肾排泄，有一定的肾毒性，对肾功能不全的宠物要注意调整剂量。

【配伍禁忌】

氨基糖苷类与β-内酰胺类抗生素混合时可导致相互失活而降低疗效，同时这两类药联合使用常可使肾毒性增加。

【不良反应】

可能引起胃肠道菌群紊乱或二重感染。

有一定的肾毒性。

盐酸头孢噻呋注射液
Ceftiofur Hydrochloride Injection

【性状】

微细颗粒的混悬液，静置后微细颗粒下沉，振摇后成均匀的乳白色混悬液。

【作用与用途】

同注射用头孢噻呋。

【制剂】

（以头孢噻呋计）10 毫升：1 克；20 毫升：2 克；50 毫升：5 克。

【用法与用量】

皮下注射。

一次量，犬每千克体重 2.2～4.4 毫克。每日 1 次，连用 3～5 日。

【注意事项】

使用前充分摇匀。

不宜冷冻。

发生过敏反应的动物需及时注射肾上腺素进行解救。

有青霉素和头孢菌素类药物过敏史的工作人员禁止接触本品。

【不良反应】

极少数患病动物对头孢噻呋过敏。

注射用头孢噻呋钠
Ceftiofur Sodium for Injection

【性状】

白色至灰黄色粉末或疏松块状物。

【作用与用途】

同注射用头孢噻呋。

【制剂】

（以头孢噻呋计）0.1 克；0.2 克；0.5 克；1 克；4 克。

【用法与用量】

皮下注射。

一次量，犬、猫每千克体重 2.2 毫克。每日 1 次，连用 3～5 日。

【注意事项】

现配现用。

其他同注射用头孢噻呋。

【配伍禁忌】

同注射用头孢噻呋。

【不良反应】

同注射用头孢噻呋。

头孢氨苄注射液
Cefalexin Injection

【性状】

细微的颗粒混悬油溶液，淡黄色。

静置后有细微的颗粒下沉。

【作用与用途】

对革兰氏阳性菌作用较强，对革兰氏阴性菌作用相对较弱。

对青霉素酶稳定。

对金黄色葡萄球菌、溶血性链球菌、大肠杆菌、奇异变形杆菌等有抗菌作用，对铜绿假单胞菌无效。

用于治疗敏感菌所致的泌尿道、呼吸道、皮肤及软组织等部位的感染。

对严重感染病例不宜应用。

本品内服后吸收迅速而完全。犬内服，每千克体重 12.7 毫克，1.8 小时后达到 18.6 微克/毫升的血药峰浓度；猫内服，每千克体重 22.9 毫克，2.6 小时后达到 18.7 微克/毫升的血药峰浓度。生物利用率均为 75%。

本品吸收以后以原型从尿中排出，犬、猫的消除半衰期为 1～2 小时。

【制剂】

10 毫升：1 克。

【用法与用量】

皮下注射、肌内注射。

一次量，犬、猫每千克体重 10～33 毫克，每日 1 次，连用 3 日。

【注意事项】

本品应振摇均匀后使用。

对头孢菌素过敏的宠物禁用。

对青霉素过敏的宠物慎用。

【不良反应】

本品可引起犬流涎、呼吸急促和兴奋不安以及猫呕吐、体温升高等不良反应。

应用本品期间虽罕见肾毒性，但患病宠物肾功能严重损害或合用其他对肾有害的药物时，则易于发生。

有胃肠道反应，表现为厌食、呕吐和腹泻。

头孢氨苄片
Cefalexin Tablets

【性状】

类白色至微黄色片。

【作用与用途】

用于治疗犬革兰氏阳性菌和阴性菌感染，如皮肤感染（脓皮病、毛囊炎、蜂窝组织炎）等。

【制剂】

75 毫克；300 毫克；600 毫克。

【用法与用量】

以头孢氨苄计。

内服，一次量，每千克体重犬 15 毫克，每日 2 次，治疗尿路感染连用 14 天；浅表脓皮病连用 7～14 天；深层脓皮病连用 28 天。

【注意事项】

禁用于对青霉素类药物过敏的动物。

禁用于兔、豚鼠、沙鼠和仓鼠。

肾功能受损的动物同时服用其他经肾排泄的药物会加重本药在体内的蓄积，因此在动物肾功能不全时要减少本药的用量。

对青霉素类药物过敏的人不要接触该产品。

使用本品时要倍加小心以避免直接接触，使用后要洗手。

给药人员皮肤出现红疹时要尽快就医，若嘴唇、眼睑和脸部肿胀、呼吸困难要立即拨打急救电话。

【配伍禁忌】

呋塞米等强利尿药、卡氮芥等抗肿瘤药及氨基糖苷类抗生素等肾毒性药物与本品合用有增加肾毒性的可能。

【不良反应】

口服本品犬有恶心、呕吐、食欲不振、腹泻、便秘、胀气等现象。

少数病例发生过敏反应，如发生过敏反应可使用肾上腺素和/或类固醇治疗。

硫酸头孢喹肟注射液
Cefquinome Sulfate Injection

【性状】

类白色至浅褐色混悬液体。

久置分层。

【作用与用途】

肌内注射、皮下注射时吸收迅速，生物利用度较高，均高于93%。

头孢喹肟为有机酸，其脂溶性较低，与血浆蛋白的结合率也比较低。

主要用于治疗犬、猫的传染性胸膜肺炎。

【制剂】

10毫升：0.25克；50毫升：1.25克；10毫升：0.1克。

【用法与用量】

肌内注射。

犬、猫每千克体重2毫克，每日1次，连用5日。

【注意事项】

对β-内酰胺类抗生素过敏的动物禁用。

对青霉素和头孢类抗生素过敏者勿接触本品。

使用前应充分摇匀。

【不良反应】

按规定的用法用量使用尚未见不良反应。

注射用硫酸头孢喹肟
Cefquinome Sulfate for Injection

【性状】

类白色至淡黄色结晶性粉末。

取本品适量，加稀盐酸即泡沸，可产生二氧化碳气体。

【作用与用途】

β-内酰胺类抗生素，用于治疗由葡萄球菌、链球菌、大肠杆菌等引起的犬脓皮症等细菌性疾病。

【制剂】

50 毫克；0.1 克；0.2 克；0.5 克。

【用法与用量】

皮下注射。

一次量，犬每千克体重 5 毫克，每日1～2 次，连用 7 日。临用前以适量灭菌注射用水使药物溶解后应用。

【注意事项】

现用现配。

本品在溶解时会产生气泡，操作时应加以注意。

对 β-内酰胺类抗生素过敏的动物禁用。

对青霉素和头孢类抗生素过敏者勿接触本品。

【配伍禁忌】

林可霉素与头孢菌素类都针对革兰氏阳性菌发挥作用，因此不宜联合应用，有拮抗作用。

氨基糖苷类抗生素与头孢类联合应用会加重肾毒性，故肾功能不良者慎用或不用。

【不良反应】

按规定的用法用量使用尚未见不良反应。

三、 氨基糖苷类

注射用硫酸链霉素
Streptomycin Sulfate for Injection

【性状】

白色或类白色粉末。

无臭或几乎无臭，味微苦，有引湿性。

【作用与用途】

体内分布与青霉素相似。

在肾脏中浓度最高，肺及肌肉中含量较少，脑组织内几乎不可测出。

主要用于治疗犬各种敏感菌所致急性感染，如呼吸道感染（肺炎、咽喉炎、支气管炎）、泌尿道感染、放线菌病、钩端螺旋体病、细菌性胃肠炎、乳腺炎、细菌性肠炎等。

还可与异烟肼、利福平配合治疗犬的结核病。

主要经肾小球滤过而排出体外，尿中浓度很高，因此对尿路感染有效，碱化尿液能增强抗菌作用。

肾功能不全时易在体内蓄积，因此应适当减少链霉素用量。

可通过乳腺排出。此外，胆汁中亦能排出一小部分。

【制剂】

0.75 克；1 克；2 克；5 克。

【用法与用量】

一般采用肌内注射，临用前用注射用水溶解。

肌内注射，一次量，犬每千克体重 10 毫克，每日 2 次，连用 3～5 日。

皮下注射，一次量，猫每千克体重 15 毫克，每日 2 次，连用 3～5 日。

【注意事项】

患病动物出现脱水（可导致血药浓度增高）或肾功能损害时慎用。

Ca^{2+}、Mg^{2+}、Na^{+}和K^{+}等阳离子可抑制本类药物的抗菌活性。

【配伍禁忌】

除酸和碱可使链霉素水解失效外，其他物质如葡萄糖、半胱氨酸、维生素 C、羟胺等，也可破坏链霉糖中的醛基，从而使链霉素失去抗菌作用。

链霉素有抑菌（较低浓度时）或杀菌（较高浓度时）作用，对于繁殖期细菌比静息期细菌有更强的杀菌作用，但与青霉素不同的是链霉素的杀菌速度可随着药物浓度的增加而升高。

细菌与链霉素经常接触后，极易产生耐药菌株，产生速度远比耐青霉素快，为跃进式的。

细菌对链霉素与双氢链霉素之间有完全的交叉耐药性，而与新霉素、卡那霉素、庆大霉素之间有部分交叉耐药性。

部分交叉耐药性往往是单向的，即细菌对新霉素、卡那霉素、庆大霉素耐药后，对链霉素也耐药。反之，细菌对链霉素耐药后，对新霉素等仍然敏感。

【不良反应】

有皮疹、发热、血管神经性水肿、嗜酸性粒细胞增多等过敏反应。过敏性休克的发生率较青霉素低。

神经系统反应：主要损害第八对脑神经，造成前庭功能和听觉的损害，出现步态不稳、姿势异常、平衡失调和耳聋等症状，多半发生在长期用药的病例。

阻滞神经肌肉接点：氨基糖苷类及多黏菌素类抗生素对骨骼肌肉接点的阻滞作用，为一种类箭毒样作用，可使运动终板膜对乙酰胆碱的敏感性降低。不过链霉素的这种阻滞作用并不强，但如用量过大或在用过肌肉松弛剂、麻醉药以后再用链霉素，就可能发生此种不良反应，出现呼吸抑制、肢体瘫痪和肌肉无力等症状。

对肾脏的损害：链霉素对肾脏可产生轻度的损害，多为管型尿和蛋白尿，一般无碍于治疗。

注射用硫酸双氢链霉素
Dihydrostreptomycin Sulfate for Injection

【性状】

白色或类白色粉末。

无臭或几乎无臭，味微苦，有引湿性。

在水中易溶，在乙醇或三氯甲烷中不溶。

【作用与用途】

属于氨基糖苷类抗生素，其作用机制和抗菌谱与其他氨基糖苷类抗生素相似。

通过干扰细菌蛋白质合成过程，致使合成异常的蛋白质、阻碍已合成的蛋白质释放。

还可使细菌细胞膜通透性增加导致一些生理物质的外漏，最终引起细菌死亡。

链霉素对分枝杆菌和多种革兰氏阴性杆菌，如大肠杆菌、沙门菌、布鲁菌、巴氏杆菌、痢疾志贺菌、鼻疽杆菌等有抗菌作用。

【制剂】

0.75 克；1 克；2 克。

【用法与用量】

肌内注射。

一次量，犬、猫每千克体重10毫克，每日2次，连用3～5日。

【注意事项】

双氢链霉素与其他氨基糖苷类有交叉过敏现象，对氨基糖苷类过敏的患病动物禁用。

患病动物出现脱水（可导致血药浓度增高）或肾功能损害时慎用。

用本品治疗泌尿道感染时，肉食动物和杂食动物可同时内服碳酸氢钠使尿液呈碱性，以增强药效。

【配伍禁忌】

与碱性药物（如碳酸氢钠、氨茶碱等）合用可增强抗菌效力，但毒性也相应增强。

当pH超过8.4时，抗菌作用减弱。

Ca^{2+}、Mg^{2+}、Na^{+}和K^{+}等阳离子可抑制本药的抗菌活性。

与头孢菌素、右旋糖酐、强效利尿药（如呋塞米等）、红霉素等合用，可增强本类药物的耳毒性。

骨骼肌松弛药（如氯化琥珀胆碱等）或具有此种作用的药物可加强本类药物的神经肌肉阻滞作用。

【不良反应】

双氢链霉素的耳毒性比较强，最常引起前庭损害，这种损害可随连续给药的药物积累而加重，并呈剂量依赖性。

猫对双氢链霉素较敏感，常量即可引起恶心、呕吐、流涎及共济失调等。

双氢链霉素剂量过大易导致神经肌肉阻断作用。犬、猫外科手术施行全身麻醉后，合用青霉素和双氢链霉素预防感染时，常出现意外死亡，这是由于全身麻醉剂和肌肉松弛剂对神经肌肉阻断有增强作用。

长期应用可引起肾脏损害。

硫酸双氢链霉素注射液
Dihydrostreptomycin Sulfate Injection

【性状】

无色或淡黄色澄明液体。

【作用与用途】

同注射用硫酸双氢链霉素。

【制剂】

2 毫升：0.5 克；5 毫升：1.25 克；10 毫升：2.5 克。

【用法与用量】

肌内注射。

一次量，犬、猫每千克体重10毫克，每日2次，连用 3～5 日。

【注意事项】

同注射用硫酸双氢链霉素。

【配伍禁忌】

同注射用硫酸双氢链霉素。

【不良反应】

同注射用硫酸双氢链霉素。

硫酸卡那霉素注射液
Kanamycin Sulfate Injection

【性状】

无色至微黄色或黄绿色的澄明液体。

【作用与用途】

卡那霉素属氨基糖苷类抗生素，抗菌谱与链霉素相似，但

作用稍强。

对大多数革兰氏阴性杆菌如大肠杆菌、变形杆菌、沙门菌和多杀性巴氏杆菌等有强大抗菌作用，对金黄色葡萄球菌和分枝杆菌也较敏感。铜绿假单胞菌、革兰氏阳性菌（金黄色葡萄球菌除外）、立克次体、厌氧菌和真菌等对本品有耐药性。

细菌对此药能产生耐药性，但速度较链霉素慢。

卡那霉素主要用于治疗多数革兰氏阴性杆菌和部分耐青霉素金黄色葡萄球菌所引起的感染，如呼吸道、肠道、泌尿道感染和败血症、乳腺炎等。

【制剂】

2 毫升：0.5 克（50 万单位）；5 毫升：0.5 克（50 万单位）；10 毫升：0.5 克（50 万单位）；10 毫升：1 克（100 万单位）；100 毫升：10 克（1 000 万单位）。

【用法与用量】

肌内注射。

一次量，犬、猫每千克体重 10～15 毫克，每日 2 次，连用 3～5 日。

【注意事项】

神经肌肉阻断作用常由卡那霉素剂量过大导致。犬、猫外科手术施行全身麻醉后，合用青霉素和卡那霉素预防感染时，常出现意外死亡，这是由于全身麻醉剂和肌肉松弛剂对神经肌肉阻断有增强作用。

患病动物出现脱水（可导致血药浓度增高）或肾功能损害时慎用。

用本品治疗泌尿道感染时，肉食动物和杂食动物可同时内服碳酸氢钠使尿液呈碱性，以增强药效。

【配伍禁忌】

Ca^{2+}、Mg^{2+}、Na^{+}、NH_4^{+}、K^{+} 等阳离子可抑制本品活性。

【不良反应】

猫对卡那霉素较敏感，常量即可引起恶心、呕吐、流涎及共济失调等。

卡那霉素与链霉素一样有耳毒性，而且其耳毒性比链霉素、庆大霉素更强。

注射用硫酸卡那霉素
Kanamycin Sulfate for Injection

【性状】

白色或类白色的粉末。

【作用与用途】

氨基糖苷类抗生素。用于治疗败血症及泌尿道、呼吸道感染。

【制剂】

0.5 克（50 万单位）；1 克(100万单位)；2 克（200 万单位）。

【用法与用量】

肌内注射。

一次量，犬、猫每千克体重 10～15 毫克，每日 2 次，连用 3～5 日。

【注意事项】

与其他氨基糖苷类有交叉过敏现象，对氨基糖苷类过敏者禁用。

患病动物出现脱水或者肾功能损害时慎用。

治疗泌尿系统感染时，同时内服碳酸氢钠可增强药效。

急性中毒时可用新斯的明等抗胆碱酯酶药、钙制剂（葡萄糖酸钙）拮抗其肌肉传导阻滞作用。

【配伍禁忌】

与其他具有肾毒性、耳毒性和神经毒性的药物，如两性霉

素、其他氨基糖苷类药物、多黏菌素B等联合应用时慎重。

与作用于髓袢的利尿药（呋塞米）或渗透性利尿药（甘露醇）合用，可使氨基糖苷类药物的耳毒性和肾毒性增强。

与全身麻醉药或神经肌肉阻断剂联合应用，可加强神经肌肉传导阻滞。

与头孢菌素、右旋糖酐、强效利尿药、红霉素等合用，可增强本品的耳毒性。

【不良反应】

氨基糖苷类抗生素能引起肾毒性和不可逆的耳毒性。

硫酸庆大霉素注射液
Gentamicin Sulfate Injection

【性状】

无色或几乎无色的澄明液体。

【作用与用途】

为广谱抗生素，对大多数革兰氏阴性菌如大肠杆菌、铜绿假单胞菌、沙门菌、布鲁菌等都有抗菌作用。

在革兰氏阳性菌中葡萄球菌对本品高度敏感，其他如溶血性链球菌、肺炎球菌等，本品也具轻度至中度抗菌作用。

此外，分枝杆菌、支原体对本品也敏感，但真菌、原虫等则多具耐药性。

庆大霉素在偏碱性环境中作用最强，故治疗泌尿道感染时以碱化尿液为宜。

细菌对庆大霉素易产生耐药性，但在治疗中如果剂量充足，或与其他抗生素合用，并避免局部用药，则可减少或防止耐药性的发生。一旦发生后立即停药，细菌可恢复敏感性。

硫酸庆大霉素主要用于治疗耐药性金黄色葡萄球菌、铜绿假单胞菌、变形杆菌、大肠杆菌等所引起的各种严重感染，如呼吸道、肠道、泌尿道等部位感染和败血症等。

【制剂】

2毫升：0.08克（8万单位）；5毫升：0.2克（20万单位）；10毫升：0.2克（20万单位）；10毫升：0.4克（40万单位）。

【用法与用量】

肌内注射、静脉注射或皮下注射。

一次量，犬、猫每千克体重2～4毫克，每隔6～8小时1次；或犬、猫每千克体重5～10毫克，每日1次，连用2～3日。

【注意事项】

庆大霉素可与β-内酰胺类抗生素联合治疗严重感染，但在体外混合存在配伍禁忌。

本品与青霉素联合使用，对链球菌具协同作用。

【配伍禁忌】

与头孢菌素合用可能使肾毒性增强。

【不良反应】

耳毒性；偶见过敏，大剂量引起神经肌肉传导阻断，可逆性肾毒性。

硫酸安普霉素注射液
Apramycin Sulfate Injection

【性状】

淡黄色至黄色的澄明液体。

【作用与用途】

安普霉素独特的化学结构可抗由多种质粒编码钝化酶的灭活作用，因而革兰氏阴性菌对其较少耐药，许多分离自动物的病原性大肠杆菌及沙门菌对其敏感。

安普霉素与其他氨基糖苷类药物不存在染色体突变引起的交叉耐药性。

对多种革兰氏阴性菌（如大肠杆菌、假单胞菌、沙门菌、克雷伯菌、变形杆菌、巴氏杆菌、支气管败血波氏杆菌）及葡萄球菌和支原体均具有杀菌活性。

用于治疗多数革兰氏阴性杆菌和部分耐青霉素金黄色葡萄球菌所引起的感染，如呼吸道、肠道、泌尿道感染和败血症、乳腺炎等。

【制剂】

10毫升：1.0克。

【用法与用量】

肌内注射。

一次量，犬、猫每千克体重，5～10毫克，每日1次，连用3～5天。

【注意事项】

耳毒性。硫酸安普霉素最常引起前庭损害，这种损害可随连续给药的药物积累而加重，并呈剂量依赖性。

【配伍禁忌】

神经肌肉阻断作用常由硫酸安普霉素剂量过大导致。犬、猫外科手术施行全身麻醉后，合用青霉素和硫酸安普霉素预防感染时，常出现意外死亡，这是由于全身麻醉剂和肌肉松弛剂对神经肌肉阻断有增强作用。

【不良反应】

猫对硫酸安普霉素较敏感，常量即可引起恶心、呕吐、流涎及共济失调等。

长期应用可引起肾脏损害。

硫酸新霉素溶液
Neomycin Sulfate Solution

【性状】

无色液体。

【作用与用途】

新霉素为广谱抗生素，抗菌谱与卡那霉素相仿，其中包括多数革兰氏阳性菌和阴性菌、分枝杆菌等。

革兰氏阳性菌中较不敏感的为链球菌和梭状芽孢杆菌。

对真菌、病毒、立克次体等均无抑制作用。

对放线菌、钩端螺旋体、阿米巴原虫有一定作用。

细菌对此药可产生耐药性，但一般相当迟缓，且与卡那霉素、庆大霉素之间有交叉耐药性。

临床上可用于治疗葡萄球菌和革兰氏阴性杆菌引起的皮肤、眼、耳感染和慢性湿疹、化脓性毛囊炎。

【制剂】

10 毫升（含 0.5%）。

【用法与用量】

局部用药。

每日 4 次，10 日为 1 个疗程。

【注意事项】

本品肠道外给药毒性强，常量内服给药很少出现毒性反应。

【配伍禁忌】

本品内服可影响维生素 A、维生素 B_{12} 以及洋地黄类药物的吸收。

【不良反应】

新霉素具有肾毒性、耳毒性和神经阻断作用。

四、四环素类

土霉素注射液
Terramycin Injection

【性状】

黄色至浅棕黄色澄明液体。

【作用与用途】

土霉素适用于治疗犬、猫的呼吸道、尿道、皮肤以及软组织感染，包括犬的布鲁菌病、立克次体病和衣原体病；犬、猫的大肠杆菌病；由立克次体引起的猫传染性贫血；也可用于预防犬的钩端螺旋体病。

因刺激性大，已经不用于全身感染，可局部应用，防治犬、猫的浅表眼部因敏感菌引起的感染。也可内服用于防治犬、猫的大肠杆菌病、沙门菌病以及犬的立克次体、衣原体、放线菌和布鲁菌感染。

【制剂】

1毫升：100毫克；1毫升：200毫克。

【用法与用量】

肌内注射或静脉注射量。

一次量，犬、猫每千克体重10～20毫克，每日2次，连用5日。

【注意事项】

本品应避光保存，不能用金属容器盛药。

【配伍禁忌】

本品可能与卡那霉素、喹诺酮类存在配伍禁忌。

【不良反应】

局部刺激作用。本品盐酸盐水溶液有较强的刺激性，肌内注射可引起注射部位疼痛、炎症和坏死，静脉注射可引起静脉炎和血栓。静脉注射宜用稀溶液，缓慢滴注，以减轻局部反应。不同土霉素制剂对组织的刺激强度相差较大。浓度为20％的长效制剂对组织的刺激性特别强，其长效作用与其在注射部位缓慢释放有关。

可引起氮血症，而且可因类固醇类药物的存在而加剧，还可引起代谢性酸中毒及电解质失衡。

长效土霉素注射液 Oxytetracycline Injection

【性状】

黄色至浅棕黄色澄明液体。

【作用与用途】

广谱抗生素。

用于治疗敏感菌引起的感染性疾病，对革兰氏阳性菌、革兰氏阴性菌、螺旋体、放线菌、支原体、立克次体和某些原虫都有很强的作用。

其主要与细菌核蛋白 30S 亚基在 A 位特异地结合，阻止 RNA 在该处连接，从而抑制肽链和蛋白质的合成，达到快速抑菌、杀菌的作用。

本品按每千克体重 20 毫克肌内注射 1 次，即可维持 3～5 天的有效剂量，属长效剂型。

用于预防哺乳期犬、猫肠炎及腹泻、各种肺炎、附红细胞体病、钩端螺旋体病、脓肿、手术后及分娩后感染控制。

【制剂】

10 毫升：2 克（200 万单位）。

【用法与用量】

肌内注射。

一次量，犬、猫每千克体重 20 毫克（用本品 0.1 毫升，或每 100 千克体重用本品 1 支），2 日 1 次。

【注意事项】

同土霉素注射液。

【不良反应】

同土霉素注射液。

【配伍禁忌】

同土霉素注射液。

盐酸土霉素注射液
Oxytetracycline Hydrochloride Injection

【性状】

黄色至浅棕黄色澄明液体。

【作用与用途】

本品为广谱抗生素，对葡萄球菌、溶血性链球菌、炭疽杆菌、破伤风梭菌等革兰氏阳性菌作用较强，但不如 β-内酰胺类。

对大肠杆菌、沙门菌、布鲁菌和巴氏杆菌等革兰氏阴性菌作用较强，但不如氨基糖苷类和酰胺醇类抗生素。

立克次体、衣原体、螺旋体、阿米巴原虫和某些疟原虫也对本品敏感。

肠球菌属对其有耐药性。

放线菌、单核细胞增多性李斯特菌、梭状芽孢杆菌、奴卡菌、弧菌、弯曲杆菌、耶尔森菌等对本品敏感。

对淋病奈瑟菌和脑膜炎奈瑟菌具一定抗菌活性，但耐青霉素的淋病奈瑟菌对土霉素也有耐药性。

【制剂】

10毫升：1克。

【用法与用量】

肌内注射。

一次量，犬、猫每千克体重5～10毫克，每日2次，连用2～3日。

【注意事项】

同土霉素注射液。

【配伍禁忌】

同土霉素注射液。

【不良反应】

同土霉素注射液。

注射用盐酸土霉素
Oxytetracycline Hydrochloride for Injection

【性状】

黄色结晶性粉末。

【作用与用途】

同盐酸土霉素注射液。

【制剂】

（以土霉素计）0.2克；1克；2克；3克。

【用法与用量】

静脉注射。

一次量，犬、猫每千克体重5～10毫克，每日2次，连用2～3日。

【注意事项】

静脉注射宜缓注；不宜肌内注射。

肝、肾功能严重不良的患病动物忌用。

【配伍禁忌】

同土霉素注射液。

【不良反应】

可引起肠道菌群紊乱。

局部刺激作用，有较强的刺激性，静脉注射可引起静脉炎和血栓。静脉注射宜用稀溶液，缓慢滴注，以减轻局部反应。

对肝、肾细胞有毒效应，可引起多种动物的剂量依赖性肾脏机能改变。

可引起氮血症，而且可因类固醇类药物的存在而加剧，还可引起代谢性酸中毒及电解质失衡。

长效盐酸土霉素注射液
Oxytetracycline Hydrochloride Injection

【性状】

黄色至浅黄色的澄明液体。

【作用与用途】

有广谱抑菌作用，敏感菌包括链球菌、部分葡萄球菌、炭疽杆菌、破伤风梭菌、棒状杆菌等革兰氏阳性菌以及大肠杆菌、巴氏杆菌、沙门菌、布鲁菌、嗜血杆菌、克雷伯菌和鼻疽杆菌等革兰氏阴性菌，对支原体、衣原体、立克次体、螺旋体等也有一定程度的抑制作用。

主要以原型从尿排出，一部分可在肝脏胆汁中浓缩，排至肠内，部分被再收收，形成“肝肠循环”。肾功能减退时可在体内蓄积。

用于某些革兰氏阳性菌、立克次体、支原体、巴氏杆菌、布鲁菌、炭疽杆菌及大肠杆菌和沙门菌引起的感染和急性呼吸道感染等。

用于敏感菌引起的泌尿道感染，宜同服维生素 C 以酸化尿液，提高疗效。

【制剂】

10 毫升：0.5 克；10 毫升：2 克。

【用法与用量】

肌内注射。

一次量，犬、猫每千克体重 10～20 毫克。每日 2 次，连用 2～3 日。

【注意事项】

本品性状发生改变时禁用。忌日光照射。

与钙盐、铁盐或含金属离子（Ga^{2+}、Mg^{2+}、Fe^{3+}、Bi^{3+}等）的药物（包括中草药）同用时，可形成不溶性络合物，影响药物的吸收。

与强利尿药（如呋塞米）等同用可使肾脏损害加重。

【配伍禁忌】

与碳酸氢钠同用，可能升高胃内 pH，而使本品的吸收减少，活性降低。

【不良反应】

同土霉素注射液。

四环素片
Tetracycline Tablets

【性状】

淡黄色片。

【作用与用途】

广谱抑菌剂，高浓度时具杀菌作用。

除了常见的革兰氏阳性菌、革兰氏阴性菌以及厌氧菌外，多数立克次体、支原体、衣原体、非典型分枝杆菌、螺旋体也对本品敏感。

本品对革兰氏阳性菌的作用优于革兰氏阴性菌，但肠球菌对其有耐药性。其他如放线菌、炭疽杆菌、单核细胞增多性李斯特菌、梭状芽孢杆菌、奴卡菌等对本品敏感。

本品对淋病奈瑟菌具一定抗菌活性，但耐青霉素的淋病萘瑟菌对四环素也耐药。

本品对弧菌、鼠疫杆菌、布鲁菌、弯曲杆菌、耶尔森菌等革兰氏阴性菌抗菌作用良好，对铜绿假单胞菌无抗菌活性，对部分厌氧菌具有一定抗菌作用，但远不如甲硝唑、克林霉素，因此临床上并不选用。

本品主要自肾小球滤过排出体外，其未吸收部分自粪便以原型排出，少量经胆汁分泌至肠道排出，故肾功能减退时可明显影响药物的清除。

【制剂】

0.25 克（25 万单位）。

【用法与用量】

内服。

一次量，犬、猫每千克体重 10～20 毫克，每日 2～3 次，连用 3～5 日。

【注意事项】

同土霉素注射液。

【配伍禁忌】

本类药物均能与二、三价阳离子形成复合物，因而当它们与钙、镁、铝等抗酸药、含铁的药物或牛奶等食物同服时会减少其吸收，造成血药浓度降低。

与碳酸氢钠同服时，碳酸氢钠可升高胃液 pH，使本品溶解度降低，吸收率下降，肾小管重吸收减少，排泄加快。

【不良反应】

有局部刺激作用，内服后可引起呕吐。

引起肠道菌群扰乱，轻者出现维生素缺乏症，重者造成二重感染。

对牙齿和骨发育有影响，四环素进入机体后可与钙结合，随钙沉积于牙齿和骨骼中。

本品对肝、肾细胞有毒效应，过量四环素可致严重的肝损害，尤其是患肾衰竭的动物。

可引起氮血症，还可引起代谢性酸中毒及电解质失衡。

注射用盐酸四环素
Tetracycline Hydrochloride for Injection

【性状】

黄色混有白色的结晶性粉末。

【作用与用途】

广谱抗生素。

对葡萄球菌、溶血性链球菌、炭疽杆菌和梭状芽孢杆菌等革兰氏阳性菌作用较强，但不如β-内酰胺类。对大肠杆菌、沙门菌、布鲁菌和巴氏杆菌等革兰氏阴性菌作用也较强，但不如氨基糖苷类和酰胺醇类抗生素。

本品对立克次体、衣原体、支原体、螺旋体、放线菌和某些原虫也有抑制作用。

组织渗透性较高，易透入胸腹腔、胎盘及乳汁中。

用于治疗某些革兰氏阳性菌和阴性菌、立克次体、支原体等引起的感染性疾病。

对泰勒虫病、放线菌病、钩端螺旋体病等也有一定疗效。

【用法与用量】

静脉注射。

一次量，犬、猫每千克体重5～10毫克，每日2次，连用2～3日。

【注意事项】

有较强的刺激性，肌内注射可引起注射部位疼痛、炎症和坏死，静脉注可引起静脉炎和血栓。

静脉注射宜用稀溶液，缓慢滴注，以减轻局部反应。

【配伍禁忌】

与泰乐菌素等大环内酯类以及黏菌素合用，呈现协同作用。

能与二价、三价阳离子等形成复合物，因而当与钙、镁、铝等抗酸药、含铁的药物或牛奶等食物同服时会减少其吸收，造成血药浓度降低。

与利尿药合用可使血液尿素氮升高。

【不良反应】

局部刺激作用。

影响牙齿和骨发育，进入机体后与钙结合，随钙沉积于牙齿和骨骼中。

盐酸多西环素片
Doxycycline Hyclate Tablets

【性状】

淡黄色片。

【作用与用途】

为长效、高效、广谱的半合成四环素类抗生素，抗菌谱与四环素相似，但抗菌作用较之强 10 倍，对耐四环素的细菌有效。

因脂溶性较高，故用药后吸收更好，并可增进体内分布，能较多地进入细菌细胞内。因肾小管重吸收率较高，故排泄较慢。

与四环素等一样，含铝、镁、钙、铁、铋等离子的物质及抗酸剂等，也可影响此药的吸收。

【制剂】

0.05 克；0.1 克。

【用法与用量】

内服。

一次量，犬、猫每千克体重 10 毫克，每日 1 次，连用 3～5 日。或遵医嘱。

【注意事项】

肝、肾功能严重不良的患病动物禁用。

避免与乳制品和含钙量较高的食物同服。

【配伍禁忌】

与碳酸氢钠同服，可升高胃内 pH，使本品的吸收减少及活性降低。

本品能与二、三价阳离子等形成复合物，因而与钙、镁、铝等抗酸药、含铁的药物或牛奶等食物同服时会减少其吸收，造成血药浓度降低。

与强利尿药（如呋塞米等）同用可使肾功能损害加重。

可干扰青霉素类对细菌繁殖期的杀菌作用，应避免同用。

【不良反应】

内服后偶见呕吐，黏附于食道会引起食道炎。

可引起肠道菌群紊乱，长期应用偶见维生素缺乏症，重者造成二重感染；偶见耐药沙门菌或不明病原菌的继发感染；偶见严重腹泻。

过量应用会导致胃肠功能紊乱，如厌食、呕吐或腹泻。

盐酸多西环素注射液
Doxycycline Hyclate Injection

【性状】

黄色澄明液体。

【作用与用途】

同盐酸多西环素片。

【制剂】

10毫升：0.25克。

【用法与用量】

静脉注射，一次量，犬、猫每千克体重3～5毫克，每日2次，连用3～5日。或遵医嘱。

肌内注射，一次量，犬、猫每千克体重5毫克，每日1次，连用3～5日。或遵医嘱。

【注意事项】

肝、肾功能严重损害的动物慎用。

【配伍禁忌】

对革兰氏阳性菌和阴性菌均有抑制作用，体内、体外抗菌活性均较土霉素、四环素强。

有效血药浓度维持时间长，组织穿透力强，分布广泛，易进入细胞内，蛋白结合率高。

【不良反应】

局部刺激作用，有较强的刺激性，肌内注射可引起注射部位疼痛、炎症和坏死。

影响牙齿和骨发育，能与钙结合并随钙沉积于牙齿和骨骼中。易透过胎盘和进入乳汁，因此妊娠动物、哺乳动物和幼龄动物禁用。

可引起氮血症，而且可因类固醇类药物的存在而加剧。还可引起代谢性酸中毒及电解质失衡。

五、大环内酯类

红霉素片
Erythromycin Tablets

【性状】

白色或类白色片。

【作用与用途】

抗菌谱与青霉素相似。

对各种革兰氏阳性菌如金黄色葡萄球菌、链球菌、梭状芽孢杆菌等有较强的抗菌作用；阴性菌中敏感的有布鲁菌、巴氏杆菌等；肠道阴性杆菌如大肠杆菌、沙门菌等则大部分不敏感；对肺炎支原体、立克次体、钩端螺旋体等也有效。

大多数敏感菌对此药都易于产生耐药性。

临床上主要用于治疗耐青霉素的金黄色葡萄球菌、溶血性链球菌的严重感染，如肺炎、败血症、子宫内膜炎等。

如与氟苯尼考、链霉素等合用，可获得协同作用，并可避免耐药菌的产生。

【制剂】

0.05 克；0.125 克；0.25 克。

【用法与用量】

内服。

一次量，犬、猫每千克体重 10～20 毫克，每日 2 次，连用 3～5 日。或遵医嘱。

【注意事项】

本品内服易被胃酸破坏，可使用肠溶片。

【配伍禁忌】

本品忌与酸性物质配伍。

红霉素与其他大环内酯类、林可胺类因作用靶点相同，不宜同时使用。

与β-内酰胺类合用表现为拮抗作用。

红霉素有抑制细胞色素氧化酶系统的作用，与某些药物合用时可能抑制其代谢。

【不良反应】

酯化红霉素可能具有肝毒性，表现为胆汁淤积，也偶见呕吐和腹泻，尤其是高剂量给药时。

内服红霉素后常出现剂量依赖性胃肠道紊乱（呕吐、腹泻、肠疼痛和厌食等），可能因对平滑肌的刺激作用引起。

注射用乳糖酸红霉素
Erythromycin Lactobionate for Injection

【性状】

白色或类白色结晶或粉末，易溶于水和乙醇。

微溶于丙酮或氯仿，不溶于乙醚。

【作用与用途】

用于治疗耐青霉素的葡萄球菌及其他敏感菌引起的感染性疾病，如肺炎、子宫炎、乳腺炎、败血症，也可用于治疗支原体感染。

【制剂】

0.25 克（25 万单位）；0.3 克（30 万单位）。

【用法与用量】

静脉注射。

一次量，犬、猫每千克体重 5～10 毫克，每日 2 次，连用 3～5 日。或遵医嘱。

【注意事项】

本品局部刺激性较强，不宜做肌内注射。

临用前先用灭菌注射用水溶解（不可用氯化钠注射液溶解，以免产生沉淀），然后用5%葡萄糖注射液稀释，浓度不超过0.1%，注射速度应缓慢。

静脉注射浓度过高或速度过快时，易发生局部疼痛和血栓性静脉炎。

注射溶液pH要维持在5.5以上，因为其在pH过低的溶液中会很快失效。

【配伍禁忌】

红霉素与其他大环内酯类、林可胺类和酰胺醇类因作用靶点相同，不宜同时使用。

与β-内酰胺类合用表现为拮抗作用。

与青霉素合用对马红球菌有协同抑制作用。

红霉素有抑制细胞色素氧化酶系统的作用，与某些药物合用时可能抑制其代谢。

【不良反应】

静脉注射后偶见血栓性静脉炎及静脉周围炎，乳房给药后偶见炎症反应。

泰乐菌素注射液
Tylosin Injection

【性状】

黄色澄明液体。

【作用与用途】

泰乐菌素主要对革兰氏阳性菌和一些阴性菌、螺旋体及支原体有抑制作用，对支原体特别有效是本品的特点。

对革兰氏阳性菌的作用较红霉素稍弱，与其他大环内酯类抗生素之间有交叉耐药现象。

对其他敏感微生物所致的各种感染，如肠炎、肺炎、乳腺

炎、子宫炎和螺旋体病等，也都有治疗作用。

临床上还可用于治疗犬、猫的慢性结肠炎、浆细胞淋巴细胞性肠炎以及隐孢子虫病。

【制剂】

50毫升：2.5克；50毫升：10克；100毫升：5克；100毫升：20克。

【用法与用量】

肌内注射。

一次量，犬、猫每千克体重8～11毫克，每日2次，连用3～5日。或遵医嘱。

【注意事项】

泰乐菌素溶液对光敏感。

【不良反应】

可能出现以下过敏反应：红肿、痒、呼吸加快、肛周轻度水肿和脱肛，这些症状会迅速消失。

给宠物注射时有局部刺激等副作用，停药后均可恢复。

注射用酒石酸泰乐菌素
Tylosin Tartrate for Injection

【性状】

淡黄色粉末。

【作用与用途】

属大环内酯类抗菌药，对革兰氏阳性菌和一些阴性菌有效。

敏感菌有金黄色葡萄球菌、化脓性链球菌、肺炎链球菌、化脓放线菌等。

对支原体特别有效，是大环内酯类中对支原体作用最强的药物之一。

肌内注射能迅速吸收。

主要用于治疗支原体及敏感革兰氏阳性菌引起的感染。

【制剂】

(以泰乐菌素计)0.25 克(25 万单位)；0.50 克（50 万单位)。

【用法与用量】

静脉注射。

一次量，犬、猫每千克体重 5～13 毫克。每日 2 次，连用 3～5 日。或遵医嘱。

【注意事项】

本品局部刺激性较强，不宜作肌内注射。

静脉注射的浓度过高或速度过快时，易发生局部疼痛和血栓性静脉炎，应缓慢注射。

【配伍禁忌】

与其他大环内酯类、林可胺类作用靶点相同，不宜同时使用。

与 β-内酰胺类合用表现为拮抗作用。

有抑制细胞色素氧化酶系统的作用，与某些药物合用时可能抑制其代谢。

【不良反应】

可能具有肝毒性，表现为胆汁淤积，也可引起呕吐和腹泻，尤其是高剂量给药时。

具有刺激性，肌内注射可引起剧烈的疼痛，静脉注射后可引起血栓性静脉炎及静脉周围炎。

替米考星注射液
Tilmicosin Injection

【性状】

淡黄色至棕红色澄明液体。

【作用与用途】

具有同泰乐菌素相似的广谱抗菌活性。

内服和皮下注射吸收快，药物的组织穿透力强，体内分布容积大。

在肺组织、乳中药物浓度高。

主要用于治疗犬、猫由胸膜肺炎放线杆菌、巴氏杆菌、支原体等引起的感染。

【制剂】

10 毫升：3 克。

【用法与用量】

皮下注射。

一次量，犬、猫每千克体重 10 毫克，仅注射 1 次。

【注意事项】

泌乳期动物禁用。

本品禁止静脉注射。

肌内和皮下注射均可出现局部反应（水肿等），避免与眼接触。

注射本品时应密切监测心血管状态。

【配伍禁忌】

与其他大环内酯类和林可胺类作用靶点相同，不宜同时使用。

与 β-内酰胺类合用表现为拮抗作用。

【不良反应】

本品对宠物的毒性作用主要针对心血管系统，可引起心动过速和收缩力减弱。

与其他大环内酯类一样，具有刺激性，肌内注射可引起剧烈的疼痛，静脉注射后可引起血栓性静脉炎及静脉周围炎。

六、 酰胺醇类

氟苯尼考粉
Florfenicol Powder

【性状】

白色或类白色的结晶性粉末；无臭。

在二甲基甲酰胺中极易溶解，在甲醇中溶解，在冰醋酸中略溶，在水或氯仿中极微溶解。

【作用与用途】

是人工合成的甲砜霉素单氟衍生物。

一些耐氯霉素和耐甲砜霉素的细菌，如伤寒沙门菌、大肠杆菌和克雷伯菌等，以及耐氨苄西林流感嗜血杆菌对其敏感。

由于许多国家已经禁止在动物尤其是食品动物中的应用氯霉素，氟苯尼考无论在抗菌活性、抗菌谱及不良反应，还是耐药性方面，均优于氯霉素，成为取代氯霉素的一种新药。

安全剂量范围大，为推荐剂量的10～20倍，能保证宠物安全。

【制剂】

（以氟苯尼考计，质量比）2%；5%；10%；20%。

【用法与用量】

内服。

一次量，犬、猫每千克体重20～30毫克，每日2次，连用3～5日。

【注意事项】

用于肾功能不全的动物需适当减量或延长给药间隔时间。

有胚胎毒性，故妊娠动物禁用。

【配伍禁忌】

大环内酯类和林可胺类与本品的作用靶点相同，均是与细菌核糖体 50S 亚基结合，合用时有相互拮抗作用。

可能会拮抗青霉素类或氨基糖苷类药物的杀菌活性，但尚未在动物体内得到证明。

【不良反应】

本品不良反应少，不引起骨髓抑制或再生障碍性贫血。

注射部位可出现炎症。

氟苯尼考注射液
Florfenicol Injection

【性状】

无色至微黄色的澄明液体。

【作用与用途】

同氟苯尼考粉。

【制剂】

2 毫升：0.6 克；5 毫升：0.25 克；5 毫升：0.5 克；5 毫升：0.75 克；5 毫升：1 克；10 毫升：0.5 克；10 毫升：1 克；10 毫升：1.5 克；10 毫升：2 克；50 毫升：2.5 克；100 毫升：5 克；100 毫升：10 克；100 毫升：30 克。

【用法与用量】

肌内注射。

一次量，犬每千克体重 20 毫克，每日 3 次，连用2～3 日。

一次量，猫每千克体重 22 毫克，每日 3 次，连用2～3 日。

【注意事项】

疫苗接种期或免疫功能严重缺损的动物禁用。

肾功能不全患病动物需适当减量或延长给药间隔时间。

【配伍禁忌】

大环内酯类和林可胺类与本品的作用靶点相同，均是与细菌核糖体 50S 亚基结合，合用时可产生相互拮抗作用。

可能会拮抗青霉素类或氨基糖苷类药物的杀菌活性，但尚未在动物体内得到证明。

【不良反应】

本品高于推荐剂量使用时有一定的免疫抑制作用。

甲砜霉素注射液
Thiamphenicol Injection

【性状】

无色液体。

【作用与用途】

氯霉素衍生物。

抗菌谱、作用机制及作用强度与氯霉素类似，但对多数肠杆菌科细菌、金黄色葡萄球菌、肠球菌及肺炎链球菌等作用较氯霉素差。

本品与氯霉素有完全交叉耐药性，与四环素类有部分交叉耐药反应。

肌内注射吸收快。

在体内分布广泛，主要以原型由尿排泄。

主要用于治疗敏感病原体引起的呼吸道感染、肠道感染、尿路感染、肝胆系统感染等。

本品一般不用于治疗细菌性脑膜炎。

【制剂】

10 毫升：0.5 克。

【用法与用量】

肌内注射。

一次量，犬、猫每千克体重 10～20 毫克，每日 2 次，连用 2～3 日。

【注意事项】

疫苗接种期或免疫功能严重缺陷的动物禁用。

有胚胎毒性，妊娠、哺乳期动物慎用。

【配伍禁忌】

大环内酯类和林可胺类与本品的作用靶点相同，均是与细菌核糖体 50S 亚基结合，合用时可产生拮抗作用。

与 β-内酰胺类合用时，由于本品的快速抑菌作用，可产生拮抗作用。

【不良反应】

长期内服此药，可能导致消化机能紊乱，出现维生素缺乏或二重感染。

本品毒性较氯霉素低，通常不引起骨髓再生障碍性贫血，但可引起可逆性红细胞生成抑制。且可抑制抗体的生成，故免疫接种期以及免疫功能严重缺损的动物禁用。

甲砜霉素片
Thiamphenicol Tablets

【性状】

白色片。

【作用与用途】

同甲砜霉素注射液。

【制剂】

25 毫克；100 毫克。

【用法与用量】

内服。

一次量，犬、猫每千克体重 10～20 毫克，每日 2 次，连用 2～3 日。

【注意事项】

疫苗接种期或免疫功能严重缺损的动物禁用。

妊娠期及哺乳期动物慎用。

肾功能不全的动物要减量或延长给药间隔时间。

【配伍禁忌】

大环内酯类和林可胺类与本品的作用靶点相同，均是与细菌核糖体 50S 亚基结合，合用时可产生拮抗作用。

与β-内酰胺类合用时，由于本品的快速抑菌作用，可产生拮抗作用。

【不良反应】

本品有血液系统毒性，虽然不会引起再生障碍性贫血，但其引起的可逆性红细胞生成抑制却比氯霉素更常见。

本品有较强的免疫抑制作用，约比氯霉素强 6 倍。

长期内服可引起消化机能紊乱，出现维生素缺乏或二重感染。

有胚胎毒性。

对肝微粒体药物代谢酶有抑制作用，可影响其他药物的代谢，提高血药浓度，增强药效或毒性，例如可显著延长戊巴比妥钠的麻醉时间。

七、 林可胺类

盐酸林可霉素注射液
Lincomycin Hydrochloride Injection

【性状】

无色的澄明液体。

【作用与用途】

主要对革兰氏阳性菌有效，特别对厌氧菌、金黄色葡萄球菌、肺炎链球菌及多数链球菌有高效。

对支原体也有效，但不及红霉素。对革兰氏阴性菌作用小于其他抗生素，如巴氏杆菌、大肠杆菌、克雷伯菌、假单胞菌、沙门菌等均对本品有耐药性。

本品与庆大霉素等联合使用对葡萄球菌、链球菌等革兰氏阳性菌呈协同作用。

临床上主要用于治疗革兰氏阳性菌引起的各种感染，特别适用于耐青霉素、红霉素菌株的感染或对青霉素过敏的患病动物。

对于犬、猫，主要用于治疗敏感菌引起的各种感染，如肺炎、关节炎、支气管炎、骨髓炎和乳腺炎等。

对放线菌病也有一定的疗效。

【制剂】

2 毫升：0.12 克；2 毫升：0.2 克；2 毫升：0.3 克；2 毫升：0.6 克；5 毫升：0.3 克；5 毫升：0.5 克；10 毫升：0.3 克；10 毫升：0.6 克；10 毫升：1 克；10 毫升：1.5 克；10 毫升：3 克；100 毫升：30 克。

【用法与用量】

静脉注射或肌内注射。

一次量，犬、猫每千克体重10毫克,每日2次，连用3～5日。

【注意事项】

肌内注射时，可导致局部疼痛。

有肾功能障碍的患病动物应减少用量。

【配伍禁忌】

与氨基糖苷类和多肽类抗生素合用，可能增强对神经-肌肉接头的阻滞作用。与红霉素合用，有拮抗作用，因两类药作用部位相同。

不宜与抑制肠道蠕动和含白陶土的止泻药合用。

与卡那霉素、新生霉素等存在配伍禁忌。

【不良反应】

肌内注射给药可能会引起一过性腹泻或排软便。虽然极少见，如出现应采取必要的措施以防脱水。

盐酸林可霉素片
Lincomycin Hydrochloride Tablets

【性状】

白色或类白色片。

【作用与用途】

同盐酸林可霉素注射液。

【制剂】

0.25克；0.5克。

【用法与用量】

内服。

一次量，犬、猫每千克体重15～20毫克，每日1～2次，连用3～5日。

【注意事项】

用药后可能出现胃肠道功能紊乱。

【配伍禁忌】

与氨基糖苷类和多肽类抗生素合用，可能增强对神经-肌肉接头的阻滞作用。

与红霉素合用，有拮抗作用，因两类药作用部位相同，且红霉素对细菌核糖体 50S 亚基的亲和力比本品强。

不宜与抑制肠道蠕动和含白陶土的止泻药合用。

与卡那霉素、新生霉素等存在配伍禁忌。

【不良反应】

具有神经-肌肉阻断作用。

八、其　他

延胡索酸泰妙菌素可溶性粉
Tiamulin Fumarate Soluble Powder

【性状】

白色或淡黄色结晶粉末；略有特臭。

【作用与用途】

本品是一种双萜类动物专用抗生素，是世界十大动物用抗生素之一。

对大多数革兰氏阴性菌和某些革兰氏阳性菌有较强的抑制作用，主要对犬、狐、貂等特种动物的出血性肺炎、咳喘等有特效。

【制剂】

100 克；45 克。

【用法与用量】

混饮，犬、猫每升水 45～60 毫克，连用 5 日。

混饲，犬、猫每千克饲料 0.1 克，连用 5 日。

【注意事项】

使用者应避免与眼及皮肤接触。

【配伍禁忌】

本品与莫能菌素、盐霉素合用时可导致中毒。

第二节　合成抗菌药

一、喹诺酮类

恩诺沙星注射液
Enrofloxacin Injection

【性状】

无色至淡黄色的澄明液体。

【作用与用途】

属动物专用药物。

抗菌谱广，具有高效、安全范围大、毒副作用小，口服、肌内注射、皮下注射吸收快而完全，体内分布广、生物利用度高、半衰期长等特点。

对支原体亦有效。

抗支原体效力较泰乐菌素强。

对大肠杆菌、克雷伯菌、沙门菌、变形杆菌、铜绿假单胞菌、嗜血杆菌、巴氏杆菌、金黄色葡萄球菌、链球菌等都有杀菌效用。皮下注射、肌内注射吸收较迅速和完全。

在动物体内分布广泛，除中枢神经系统外，几乎所有组织的药物浓度都高于血浆浓度，故有利于治疗全身及深部组织的感染。15%～50%的药物以原型经肾小管分泌和肾小球滤过而由尿排泄。

临床上可用于治疗犬、猫因细菌或支原体引起的呼吸系

统、消化系统、泌尿生殖系统和皮肤的感染。

【制剂】

5毫升：0.25克；10毫升：0.05克；10毫升：0.25克；10毫升：0.5克；100毫升：5克。

【用法与用量】

肌内注射。

一次量，犬、猫每千克体重2.5～5.0毫克，每日1～2次，连用2～3日。

【注意事项】

肉食动物及肾功能不良患病动物慎用，可偶发结晶尿。

【配伍禁忌】

与茶碱、咖啡因合用时，可使血浆蛋白结合率降低，血中茶碱、咖啡因的浓度异常升高，甚至出现茶碱中毒症状。

【不良反应】

使幼龄动物软骨发生变性，影响骨骼发育并引起跛行及疼痛。

消化系统的反应有呕吐、食欲缺乏、腹泻等。

皮肤反应有红斑、瘙痒、荨麻疹及光敏反应等。

犬、猫偶见过敏反应、共济失调、癫痫发作。

恩诺沙星片
Enrofloxacin Tablets

【性状】

类白色片。

【作用与用途】

同恩诺沙星注射液。

【制剂】

2.5毫克；5毫克。

【用法与用量】

内服。

一次量，犬、猫每千克体重 2.5～5.0 毫克，每日 2 次，连用 3～5 日。

【注意事项】

对中枢系统有潜在的兴奋作用，能诱导癫痫发作，患癫痫的犬慎用。

肾功能不良患病动物慎用，可偶发结晶尿。

本品不适用于 8 周龄前的犬。

【配伍禁忌】

Ca^{2+}、Mg^{2+} 和 Fe^{3+} 等离子可与本品发生螯合，影响吸收。

与茶碱、咖啡因合用时，可使血浆蛋白结合率降低，血中茶碱、咖啡因的浓度异常升高，甚至出现茶碱中毒症状。

【不良反应】

使幼龄动物软骨发生变性，影响骨骼发育并引起跛行及疼痛。

消化系统的反应有呕吐、食欲不振、腹泻等。

皮肤反应有红斑、瘙痒、荨麻疹及光敏反应等。

犬、猫偶见过敏反应、共济失调、癫痫发作。

乳酸环丙沙星注射液
Ciprofloxacin Lactate Injection

【性状】

无色或几乎无色的澄明液体。

【作用与用途】

本品的抗菌谱、抗菌活性、抗菌机制和耐药性等与恩诺沙星基本相似。

临床上主要用于治疗犬、猫由敏感菌所致皮肤、呼吸道、

泌尿道的感染。

【制剂】

10 毫升：50 毫克。

【用法与用量】

肌内注射或静脉注射。

一次量，犬、猫每千克体重2毫克，每日2次，连用 2～3 日。

【注意事项】

慎用于供繁殖用的幼龄种用动物及马驹。

妊娠及泌乳动物禁用。

肉食动物及肾功能不全动物慎用。对有严重肾病的动物需调节用量，以免体内药物蓄积。

【配伍禁忌】

对肝药酶有抑制作用，使其他药物（如茶碱、咖啡因）的代谢下降，清除率降低，血药浓度升高，甚至出现中毒症状。

与丙磺舒合用可因竞争同一转运载体而抑制了其在肾小管的排泄，半衰期延长。

【不良反应】

使幼龄动物软骨发生变性，影响骨骼发育并引起跛行及疼痛。

消化系统的反应有呕吐、食欲不振、腹泻等。

皮肤反应有红斑、瘙痒、荨麻疹及光敏反应等。

盐酸环丙沙星注射液
Ciprofloxacin Hydrochloride Injection

【性状】

微黄绿色澄明液体。

【作用与应用】

本品抗菌谱广，对革兰氏阳性菌、阴性菌和部分厌氧菌、支原体均有效，抗菌活性略优于诺氟沙星。

对耐庆大霉素的铜绿假单胞菌，耐氯霉素的大肠杆菌、伤寒沙门菌、痢疾志贺菌等，均有良好的抗菌作用，体外抗菌活性优于诺氟沙星。

可用于治疗支原体感染以及敏感菌引起的呼吸道、泌尿道、肠道、皮肤和软组织感染。

【用法与用量】

肌内注射。

一次量，犬、猫每千克体重 2.5～5.0 毫克，每日 2 次，连用 3 日。

【注意事项】

对茶碱类药物的体内代谢无明显影响。

妊娠期、哺乳期、有过敏史的动物禁用，重度肾病动物慎用。

【配伍禁忌】

有抑制肝药酶作用，可使主要在肝脏中代谢的药物的清除率降低，血药浓度升高。

【不良反应】

本品不良反应发生率较低，偶见消化道反应。

盐酸沙拉沙星注射液
Sarafloxacin Hydrochloride Injection

【性状】

淡黄色或黄色澄明液体。

【作用与用途】

本品广谱抗菌，对大肠杆菌、沙门菌、巴氏杆菌、变形杆菌、嗜血杆菌、葡萄球菌（包括耐青霉素菌株）、链球菌、支原体等均有较强的抑杀作用。

本品内服和注射吸收迅速，体内分布广泛，表观分布容积大，生物利用度较高。对革兰氏阳性菌、阴性菌及支原体具有极强的杀灭作用。

主要用于治疗敏感菌引起的各种感染性疾病。

【制剂】

10 毫升：0.1 克；100 毫升：1 克；100 毫升：2.5 克。

【用法与用量】

肌内注射。

一次量，犬、猫每千克体重 10～15 毫克，每日 1～2 次，连用 3～5 日。

【注意事项】

对茶碱类药物的体内代谢无明显影响。

妊娠期、哺乳期、有过敏史的动物禁用，重度肾病动物慎用。

【配伍禁忌】

同恩诺沙星注射液。

【不良反应】

使幼龄动物软骨发生变性，影响骨骼发育并引起跛行及疼痛。

消化系统的反应有呕吐、食欲不振、腹泻等。

皮肤反应有红斑、瘙痒、荨麻疹及光敏反应等。

盐酸沙拉沙星片
Sarafloxacin Hydrochloride Tablets

【性状】

白色或淡黄色片。

【作用与用途】

同盐酸沙拉沙星注射液。

【制剂】

5 毫克；10 毫克。

【用法与用量】

内服。

一次量，犬、猫每千克体重 10～15 毫克，每日 1～2 次，连用 3～5 日。

【注意事项】

同恩诺沙星注射液。

【配伍禁忌】

同恩诺沙星注射液。

【不良反应】

同恩诺沙星注射液。

盐酸沙拉沙星溶液
Sarafloxacin Hydrochloride Solution

【性状】

淡黄色或棕褐色澄明液体。

【作用与用途】

同盐酸沙拉沙星注射液。

【制剂】

100 毫升：1 克；100 毫升：2.5 克；100 毫升：5 克。

【用法与用量】

混饮，犬、猫每升水 20～50 毫克（以盐酸沙拉沙星有效成分计），连用 3～5 日。

【注意事项】

同恩诺沙星注射液。

【配伍禁忌】

同恩诺沙星注射液。

【不良反应】

同恩诺沙星注射液。

甲磺酸达氟沙星注射液
Danofloxacin Mesylate Injection

【性状】

淡黄绿色或黄绿色的澄明液体。

【作用与用途】

是动物专用的新型广谱高效杀菌药物，抗菌谱与恩诺沙星相似，而抗菌作用强约2倍。

其特点是内服、肌内注射或皮下注射，吸收迅速而完全，生物利用度高，体内分布广泛，尤其在肺部的浓度是血浆浓度的5～7倍。

主要用于治疗敏感菌和支原体感染引起的消化道、呼吸道、生殖道疾病以及乳腺炎、子宫内膜炎等炎症。

【制剂】

5毫升：50毫克；5毫升：125毫克；10毫升：100毫克；10毫升：250毫克。

【用法与用量】

肌内注射、皮下注射。

一次量，犬、猫每千克体重1.25毫克，每日2次，连用3日。

【注意事项】

勿与含铁制剂在同一日内使用。

妊娠犬及泌乳期犬、猫禁用。

【配伍禁忌】

Ca^{2+}、Mg^{2+}和Fe^{2+}等离子与本品可发生螯合作用，影响其吸收。

对肝药酶有抑制作用，使其他药物（如茶碱、咖啡因）的代谢下降，清除率降低，血药浓度升高，甚至出现中毒症状。

【不良反应】

使幼龄动物软骨发生变性，影响骨骼发育并引起跛行及疼痛。

消化系统的反应有呕吐、食欲不振、腹泻等。

皮肤反应有红斑、瘙痒、荨麻疹及光敏反应等。

甲磺酸培氟沙星注射液 Pefloxacin Mesylate Injection

【性状】

无色、微黄色或微黄绿色的澄明液体。

【作用与用途】

用于治疗由培氟沙星敏感菌引起的各种感染，如尿路感染、呼吸道感染、生殖系统感染、腹部和肝胆系统感染、骨和关节感染、皮肤感染、败血症、心内膜炎和脑膜炎等。

【制剂】

5毫升：100毫克。

【用法与用量】

肌内注射。

一次量，犬、猫每千克体重2～6毫克，每日1次，连用2～3日。

【注意事项】

本品大剂量应用或尿pH在7以上时可发生结晶尿。为避免结晶尿的发生，宜多饮水。

肾功能减退的动物，需根据肾功能调整给药剂量。

【不良反应】

应用本品时应避免过度暴露于阳光，如发生光敏反应需

停药。

盐酸二氟沙星片
Difloxacin Hydrochloride Tablets

【性状】

白色片。

【作用与用途】

类似其他氟喹诺酮类，为浓度依赖性杀菌剂。

对多种革兰氏阴性菌与革兰氏阳性杆菌和球菌以及支原体等均有良好抗菌活性，包括大多数克雷伯菌、葡萄球菌、肠杆菌、弯曲杆菌、志贺菌、变形杆菌和巴氏杆菌。

某些假单胞菌（铜绿假单胞菌）和大多数肠球菌对本品有耐药性。

二氟沙星与其他氟喹诺酮药相似，对大多数厌氧菌作用微弱。

敏感菌对本品可产生耐药性。

主要用于防治犬的敏感菌感染，如放线杆菌、巴氏杆菌、支原体等。

【制剂】

（以二氟沙星计）5 毫克。

【用法与用量】

内服。

一次量，犬、猫每千克体重 5～10 毫克，每日 2 次，连用 3～5 日。

【注意事项】

犬、猫内服本品可出现胃肠反应（厌食、呕吐、腹泻）。

【配伍禁忌】

丙磺舒会阻碍肾小管对二氟沙星的分泌，提高其血液中的浓度并延长其半衰期。

【不良反应】

使幼龄动物软骨发生变性，影响骨骼发育并引起跛行及疼痛。

消化系统的反应有呕吐、食欲不振、腹泻等；皮肤反应有红斑、瘙痒、荨麻疹及光敏反应等。

盐酸二氟沙星注射液
Difloxacin Hydrochloride Injection

【性状】

淡黄色或黄色澄明液体。

【作用与用途】

同盐酸二氟沙星片。

【制剂】

（以二氟沙星计）10 毫升：0.2 克；50 毫升：1 克；100 毫升：2.5 克。

【用法与用量】

肌内注射。

一次量，犬、猫每千克体重 5 毫克。每日 2 次，连用 3 日。

【注意事项】

同盐酸二氟沙星片。

【配伍禁忌】

抗酸剂或其他含二价或三价阳离子的制剂会与二氟沙星结合，阻碍机体吸收。

【不良反应】

使幼龄动物软骨发生变性，影响骨骼发育并引起跛行及疼痛。

消化系统的反应有呕吐、食欲不振、腹泻等。

皮肤反应有红斑、瘙痒、荨麻疹及光敏反应等。

乳酸诺氟沙星注射液
Norfloxacin Lactate Injection

【性状】

微黄色或淡黄色的澄明液体。

【作用与用途】

广谱抗菌药，对革兰氏阳性及阴性菌均有作用。

细菌对本品不易形成耐药性。在同类药物及抗生素之间也不存在交叉耐药性。

本品对革兰氏阴性杆菌有强大的抗菌活性，特别是肠杆菌科的细菌，如大肠杆菌、志贺菌、克雷伯菌、变形杆菌、产气肠杆菌、沙雷菌、枸橼酸菌等对本品高度敏感。

本品对铜绿假单胞菌及其他假单孢菌亦有作用，但需要较高的浓度。

在革兰氏阳性球菌中，金黄色葡萄球菌及表皮葡萄球菌对本品较敏感。

【用法与用量】

肌内注射。

一次量，犬、猫每千克体重 5～10 毫克，每日 2 次，连用 3～5 日。

【注意事项】

有癫痫病史的犬慎用。

泌乳期动物禁用。

幼龄动物慎用。

【配伍禁忌】

禁止与甲砜霉素、氟苯尼考等药物配伍。

【不良反应】

肌内注射有一过性刺激性。

烟酸诺氟沙星注射液
NorfloxacinNicotinate Injection

【性状】

黄色澄明液体。

【作用与用途】

同乳酸诺氟沙星注射液。

【制剂】

100 毫升：2 克。

【用法与用量】

肌内注射。

一次量，犬、猫每千克体重 10 毫克,每日2次，连用 3～5 日。

【注意事项】

有癫痫病史的犬慎用。

【配伍禁忌】

同乳酸诺氟沙星注射液。

【不良反应】

同乳酸诺氟沙星注射液。

氧氟沙星片
Ofloxacin Tablets

【性状】

白色薄膜衣片，除去薄膜衣后显类白色或微黄色。

【作用与用途】

抗菌谱广，尤其对需氧革兰氏阴性杆菌的抗菌活性高。

本品为杀菌剂，通过作用于细菌 DNA 螺旋酶的 A 亚单位，抑制 DNA 的合成和复制而导致细菌死亡。

用于治疗肠杆菌科的大部分细菌导致的感染，如产气肠杆菌、大肠埃希菌、克雷伯菌、变形杆菌、沙门菌、志贺菌、弧菌、耶尔森菌等。

对多重耐药菌也具有抗菌活性。

对青霉素耐药的淋病奈瑟菌、产酶流感嗜血杆菌和莫拉菌均具有高度抗菌活性。

对铜绿假单胞菌等假单胞菌属的大多数菌株具有抗菌作用。

对甲氧西林敏感葡萄球菌具有抗菌活性，对肺炎链球菌、溶血性链球菌和粪肠球菌仅具有中等抗菌活性。

对沙眼衣原体、支原体、军团菌具良好抗菌作用，对结核分枝杆菌和非典型分枝杆菌也有抗菌活性。

对厌氧菌的抗菌活性差。

可用于治疗支原体感染以及敏感菌引起的呼吸道、泌尿道、肠道、皮肤和软组织感染。

【制剂】

0.1 克。

【用法与用量】

内服。

一次量，犬、猫每千克体重 2.5～5.0 毫克。每日 2 次，连用 3～5 日。

【注意事项】

妊娠期、哺乳期、有过敏史的动物禁用。

重度肾病动物慎用。

【配伍禁忌】

本品不宜与酸性药物配合使用。

【不良反应】

不良反应发生率较低，偶见消化道反应。

氧氟沙星注射液
Ofloxacin Injection

【性状】

淡黄绿色的澄明液体。

【作用与用途】

同氧氟沙星片。

【制剂】

10毫升：0.2克。

【用法与用量】

肌内注射。

一次量，犬、猫每千克体重2.5～5.0毫克，每日2次，连用3～5日。

【注意事项】

同氧氟沙星片。

【配伍禁忌】

同氧氟沙星片。

【不良反应】

同氧氟沙星片。

二、其　　他

乙酰甲喹片
Maquindox Tablets

【性质】

黄色片。

【作用与用途】

对革兰氏阴性菌的作用强，如大肠杆菌、巴氏杆菌、沙门菌、变形杆菌等。

对痢疾短螺旋体作用突出。

对革兰氏阳性菌（如金黄色葡萄球菌、链球菌等）也有抑制作用。

对犬、猫腹泻、血痢等有明显治疗效果。

【制剂】

0.1 克；0.5 克。

【用法与用量】

内服。

一次量，犬、猫 100 毫克，每日 2 次，连用 3 日。

【注意事项】

高于治疗量的 3～5 倍，或长期应用，可导致中毒或死亡。

【配伍禁忌】

严禁多种含同类成分的药物同时使用。

【不良反应】

按规定的用法与用量使用尚未见不良反应。

乙酰甲喹注射液
Maquindox Injection

【性质】

黄色澄明液体。

【作用与用途】

同乙酰甲喹片。

【制剂】

10毫升：0.5克。

【用法与用量】

肌内注射。

一次量，犬、猫每千克体重2.5～5.0毫克，每日2次，连用3日。

【注意事项】

同乙酰甲喹片。

【配伍禁忌】

同乙酰甲喹片。

【不良反应】

同乙酰甲喹片。

马波沙星片
Marbofloxacin Tablets

【性状】

类白色片。

【作用与用途】

为氟喹诺酮类抗菌药，用于治疗由肺炎链球菌等敏感菌引起的犬呼吸道感染。

【制剂】

5 毫克；20 毫克。

【用法与用量】

内服。

犬每千克体重 2 毫克，每日 1 次，急性呼吸道感染连用 7 天，慢性呼吸道感染连用 21 天。

【注意事项】

本品适用于 1 岁以上的小型犬，1.5 岁以上的大型犬。

妊娠犬及哺乳犬慎用。

有癫痫发病动物慎用。

【配伍禁忌】

Al^{3+}、Ca^{2+}、Fe^{3+}、Mg^{2+}等阳离子可能会降低马波沙星的生物利用度。

与茶碱同时给药时需减少茶碱的使用量。

【不良反应】

在治疗期间可出现轻度的呕吐、粪便软化、口渴和多动症状，停药后上述症状会消失。

注射用马波沙星
Marbofloxacin for Injection

【性状】

白色至微黄色粉末或疏松块状物。

【作用与用途】

为喹诺酮类抗菌药，主要用于治疗敏感菌引起的犬阴道炎、包皮炎等。

【制剂】

（按马波沙星计）0.1 克。

【用法与用量】

皮下注射。

一次量，犬每千克体重 2 毫克，每日 1 次，连用 3 日。

【注意事项】

禁用于小于 12 月龄的小型犬以及小于 18 月龄的大丹犬或藏獒等成长期较长的大型犬。

妊娠犬及哺乳犬慎用。

【不良反应】

每千克体重 4 毫克，静脉注射，发生轻微的、短暂的流涎、吠叫、兴奋、肌肉震颤等；皮下注射给药没有发生不良反应。

在治疗期间可能会出现轻度的呕吐、粪便软化、口渴和多动症状，停药后上述症状会消失。

第二章 PART TWO

抗寄生虫药

第一节 抗蠕虫药

阿苯达唑硝氯酚片
Albendazole Niclofolan Tablets

【性状】

淡黄色片。

【作用与用途】

本品属苯丙咪唑类，具有广谱驱虫作用。

药物通过与线虫的微管蛋白结合发挥作用。

阿苯达唑对线虫微管蛋白的亲和力显著高于哺乳动物的微管蛋白，因此对宠物的毒性很小。

本品不但对成虫作用强，对未成熟虫体和幼虫也有较强作用，还有杀虫卵功能。

【制剂】

140 毫克（阿苯达唑 100 毫克＋硝氯酚 40 毫克）。

【用法与用量】

内服。

一次量（以阿苯达唑计），犬、猫每千克体重 20 毫克。

【注意事项】

犬以每千克体重 50 毫克、每日 2 次用药，会逐渐产生厌食症。

猫会出现轻微嗜睡、抑郁、厌食症状，并有抗服的现象。

泌乳期禁用。

发生中毒时可根据症状选用安钠咖、毒毛花苷 K、维生素 C 等进行治疗。

【配伍禁忌】

治疗中毒时禁止用钙制剂静脉注射。

【不良反应】

过量可引起中毒，表现为发热、呼吸困难和出汗等症状。

动物妊娠早期使用，可能伴有致畸和胚胎毒性作用。

硝氯酚伊维菌素片
Niclofolan Ivermectin Tablets

【性状】

淡黄色片。

【作用与用途】

硝氯酚对某些发育未成熟的片形吸虫有效。

伊维菌素对体内外寄生虫特别是节肢昆虫具有良好驱杀作用，主要用于驱除动物的胃肠道线虫、肺线虫和体外寄生虫。

【制剂】

0.11 克（硝氯酚 100 毫克＋伊维菌素 10 毫克）。

【用法与用量】

内服。

一次量，犬、猫每千克体重 3 毫克。

【注意事项】

治疗量对动物比较安全，过量引起的中毒（如发热、呼吸困难、窒息）可根据症状选用安钠咖、毒毛花苷 K、维生素 C 等对症治疗。

【配伍禁忌】

治疗中毒时禁止用钙制剂静脉注射。

【不良反应】

用药后动物可出现发热、呼吸急促和出汗等症状。

阿维菌素注射液
Avermectin Injection

【性状】

无色澄明液体，略黏稠。

【作用与用途】

对线虫、昆虫和螨均有驱杀作用。

用于治疗犬、猫的线虫病、螨病和寄生性昆虫病。

【制剂】

5 毫升：0.05 克；25 毫升：0.25 克；50 毫升：0.5 克；100 毫升：1 克。

【用法与用量】

皮下注射。

一次量，犬、猫每千克体重 0.3 毫克。

【注意事项】

毒性比伊维菌素强，其他参见伊维菌素。

【配伍禁忌】

与乙胺嗪同时使用，可能产生严重的或致死性脑病。

【不良反应】

按规定的用法用量使用尚未见不良反应。

精制敌百虫片
Metrifonate Purify Tablets

【性状】

白色片。

在空气中易吸湿。

【作用与用途】

本品对宠物体表寄生虫、卫生害虫具有杀灭作用。

除以接触毒和胃毒方式作用于虫体外，还可通过内吸杀虫，可使昆虫吸食使用过敌百虫的动物、植物组织等而发生中毒或死亡。

其杀虫谱较广，蝇、蚊、蚤、蜱、蟑螂等也较敏感，接触药物后迅速死亡。

可用于防治犬、猫体虱。

【制剂】

0.5 克。

【用法与用量】

内服。

一次量，犬、猫每千克体重 20～30 毫克。每日早晚各一次，一般疗程为 3～7 天。

创伤性疾病：取本品 35 片，加凉开水少许溶解，加适量面粉调匀后，将适量药膏直接涂抹于创伤面，化脓性创伤应先清除脓性及腐败组织后方可涂抹，每隔 2～3 日换药 1 次，一般在 10 日左右即可治愈。

喷洒：配成 1%～3%溶液，喷洒于犬、猫局部体表，治疗体虱、疥螨。0.1%～0.5%溶液喷洒于环境，杀灭蝇、蚊、虱、蚤等。

药浴：0.5%溶液适用于疥螨，0.2%溶液适用于痒螨。

【注意事项】

患心脏病、胃肠炎的动物禁用。

中毒时，用阿托品和解磷定等解救。

【配伍禁忌】

禁止与碱性药物合用。

【不良反应】

用药过程中可能出现肠音增强、排稀便、腹痛、流涎、肌颤、呼吸加快等不良反应，经4～6小时会逐渐恢复正常。

如果用药浓度过高、剂量过大，特别是体质较弱的动物，易发生中毒反应，表现瞳孔缩小、大量流涎、剧烈腹痛、肌肉痉挛，甚至呼吸困难等症状。

第二节　抗原虫药

注射用三氮脒
Diminazene Aceturate for Injection

【性状】

黄色或橙色结晶性粉末；无臭，遇光、遇热变为橙红色。

在水中溶解，在乙醇中几乎不溶，在氯仿及乙醚中不溶。

在低温下水溶液会析出结晶。

【作用与用途】

本品属于芳香双脒类，是传统使用的广谱抗血液原虫药，对梨形虫、锥虫和巴贝斯虫均有治疗作用。

用药后血中浓度高，但持续时间较短，故主要用于治疗，预防效果较差。

【制剂】

0.25克；1克。

【用法与用量】

每千克体重 3.5 毫克是犬的推荐剂量，对犬巴贝斯虫引起的临床症状有明显消除作用。但对犬吉氏巴贝斯虫，则需按每千克体重 7 毫克，才能彻底清除虫体，但此剂量对犬已能引起明显的中枢神经系统症状。

本品对猫的巴贝斯虫无效，但对獭猫巴贝斯虫有效。

【注意事项】

本品毒性大、安全范围较小。

注射液对局部组织有刺激性，宜分点深部肌内注射。

【不良反应】

三氮脒毒性较大，可引起副交感神经兴奋样反应。用药后常出现不安、起卧、频繁排尿、肌肉震颤等反应。过量使用可引起死亡。

肌内注射有较强的刺激性。

甲硝唑片
Metronidazole Tablets

【性状】

白色或类白色片。

【作用与用途】

是人工合成的硝基咪唑类化合物，对大多数专性厌氧菌，如拟杆菌、梭状芽孢杆菌、粪链球菌及部分真杆菌具有强大杀菌作用。

本品还具有抗原虫作用，对贾第鞭毛虫、滴虫及阿米巴原虫等均有效。

本品是治疗和预防犬、猫厌氧菌感染的首选药物之一，主要用于预防和治疗上述厌氧菌所致的全身及局部感染以及外科手术后的感染。

也广泛用于治疗由贾第鞭毛虫、滴虫及阿米巴原虫引起的腹泻及其他肠道问题。

还用于治疗结肠小袋纤毛虫、犬生殖道毛滴虫病。

【制剂】

0.2克；0.4克；0.5克。

【用法与用量】

内服。

一次量，犬每千克体重25毫克。每日1～2次，疗程2～4周。

【注意事项】

虽然毒性较小，但其代谢物常使尿液呈红棕色。如果剂量过大，则出现舌炎、胃炎、恶心、呕吐、白细胞减少甚至神经症状，但通常能耐过。

能通过胎盘屏障和乳腺屏障，因此泌乳期和妊娠早期的犬、猫不宜使用。

可与螺旋霉素组成复方制剂，以克服其对革兰氏阳性需氧菌作用不强的缺点。

西咪替丁可影响本品的代谢，从而增加与剂量相关的副作用。

【配伍禁忌】

本品能抑制华法林和其他口服抗凝药物的代谢，使后者的血药浓度升高，抗凝作用增强，引发凝血酶原时间延长。

与土霉素合用时，可干扰甲硝唑清除阴道滴虫的作用。

与苯妥英钠、苯巴比妥等肝药酶诱导药合用，可加强本品代谢，使其血药浓度下降，而苯妥英钠代谢减慢。

与西咪替丁等肝药酶抑制剂合用，可延缓本品在肝内的代谢，使消除半衰期延长，应根据血药浓度测定结果调整用量。

【不良反应】

包括神经功能紊乱、呆滞、体弱、厌食和腹泻等。

第三章 PART THREE

中枢神经系统药物

第一节 中枢兴奋药

安钠咖注射液
Caffeine and Sodium Benzoate Injection

【性状】

无色的澄明液体。

【作用与用途】

解救中枢抑制药（麻醉药、镇静催眠药）中毒、各种原因引起的中枢抑制、昏迷；兴奋呼吸和循环系统。

用作强心药，治疗日射病、热射病、中毒引起的急性心力衰竭，可调整患病动物机能，增强心脏收缩，增加心输出量。

与溴化物合用，调节大脑皮层活动，恢复大脑皮层抑制与兴奋过程的平衡；临床制剂为安溴合剂，或称强心安钠，含安钠咖 2.5%、溴化钠 10%。

【制剂】

5 毫升：无水咖啡因 0.24 克＋苯甲酸钠 0.26 克；5 毫升：无水咖啡因 0.48 克＋苯甲酸钠 0.52 克；10 毫升：无水咖啡因 0.48 克＋苯甲酸钠 0.52 克；10 毫升：无水咖啡因 0.96 克＋苯甲酸钠 1.04 克。

【用法与用量】

皮下注射、肌内注射或静脉注射。

一次量，犬、猫 0.5～1.5 毫升。

【注意事项】

剂量过大或给药过频易发生中毒，中毒时可用溴化物、水合氯醛或巴比妥类药物解救，对抗中枢兴奋症状。

【配伍禁忌】

咖啡因为生物碱类，忌与鞣酸、强碱、重金属盐等配伍使用。

与肾上腺素等有相互增强作用，不宜同时注射。

【不良反应】

剂量过大可引起反射亢进、肌肉抽搐乃至惊厥。

尼可刹米注射液
Nikethamide Injection

【性状】

无色的澄明液体。

【作用与用途】

直接兴奋延髓呼吸中枢。

可刺激颈动脉体和主动脉弓化学感受器，反射性兴奋呼吸中枢，使呼吸加深加快，并提高呼吸中枢对二氧化碳的敏感性。

对抑制状态的呼吸兴奋作用更明显。

对大脑、血管运动中枢、脊髓的兴奋作用较弱，对其他器官无直接兴奋作用。

剂量过大，可引起惊厥，但该药的安全范围较宽。

【制剂】

1.5 毫升：0.375 克；2 毫升：0.5 克。

【用法与用量】

静脉注射、肌内注射或皮下注射。

一次量，犬 0.5～2 毫升。

【注意事项】

本品静脉注射速度不宜过快，以间歇给药效果好。

如出现惊厥，应及时静脉注射地西泮或小剂量硫喷妥钠。

兴奋作用之后，常出现中枢抑制现象。

【配伍禁忌】

禁止与巴比妥类、洋地黄类在同一溶液中给药，禁止与水解蛋白配伍。

【不良反应】

剂量过大可引起血压升高、出汗、心律失常、震颤及肌肉强直，亦可引起惊厥。

樟脑磺酸钠注射液
Sodium Camphor Sulfonate Injection

【性状】

白色或几乎无色的澄明液体。

【作用与用途】

本品对中枢神经有兴奋作用，有樟脑的兴奋呼吸和循环作用，但不持久。

樟脑吸收后，在体内氧化成氧化樟脑后，能兴奋大脑皮层、延髓呼吸中枢和血管运动中枢，还能直接兴奋心脏。

适用于呼吸和循环系统的急性障碍，对抗中枢神经抑制药的中毒等。并可起到强心、改善血液循环、促进新陈代谢机能的作用。

本品注射后吸收快，与磺酸钠形成复盐吸收较好。在肝内羟化形成樟脑代谢产物。与葡萄糖醛酸结合，从肾排出，可穿

过胎盘屏障。

本品应用于中枢抑制中毒，肺炎、肠炎引起的呼吸抑制、呼吸功能减弱和循环功能下降。主要用于缓解呼吸抑制、呼吸困难、消化不良、胃功能下降、心力衰竭、血压下降、供血不足等症状。

近年来研究发现本品还有增强动物机体免疫功能、促进采食量、改善病弱个体的精神状态、促进病体加速康复的功能。

【制剂】

10毫升：1克。

【用法与用量】

静脉注射、肌内注射或皮下注射。

一次量，犬每千克体重5～10毫克。

【注意事项】

如出现结晶，可加温溶解后使用。

家畜屠宰前不宜使用。

过量使用发生中毒时可静脉注射水合氯醛、硫酸镁和10%葡萄糖注射液解救。

【配伍禁忌】

禁止与降压药及抗抑郁药合用。

【不良反应】

部分患病动物会出现呕吐，可用安定或短效巴比妥类药物来控制。

硝酸士的宁注射液
Strychnine Nitrate Injection

【性状】

无色的澄明液体。

【作用与用途】

本品内服或注射均能迅速吸收，体内分布均匀。在肝脏中经微粒体酶分解代谢，约20%以原型由尿及唾液腺排泄。安全度小，排泄缓慢，易产生蓄积作用。

本品对脊髓有高度的选择性兴奋作用，小剂量即能提高脊髓反射性，缩短反射时间，提高反射强度及增强骨骼肌收缩力而改善肌无力状态。同时，可兴奋大脑皮层的感觉分析器，使视觉、听觉及嗅觉更加敏锐。

其兴奋作用主要是通过阻断突触后抑制，而对兴奋性突触电位并不影响，使神经元的活动性增高，兴奋无障碍地扩散所致。

本品内服有苦味健胃作用。

剂量稍大，容易过量引起中毒，表现为脊髓反射过强，并且兴奋扩散到整个脊髓，破坏了对抗肌的交互抑制过程，机体呈现全身强直性痉挛，即所谓的脊髓惊厥，出现了微小刺激就可导致全身强直、角弓反张等破伤风样惊厥，最终因呼吸困难而死亡。

临床上主要用于治疗神经麻痹性疾患，特别是脊髓性不全麻痹，如括约肌不全松弛、阴茎脱垂、四肢瘫痪、桡神经麻痹和四肢无力等。

在中枢抑制药中毒引起呼吸抑制时，其解救效果不及戊四氮和贝美格，且安全范围小。

【制剂】

1毫升：2毫克；10毫升：20毫克。

【用法与用量】

皮下注射。

一次量，犬0.5～0.8毫克，猫0.1～0.3毫克。

【注意事项】

肝肾功能不全、癫痫及破伤风患病动物禁用。

孕畜及中枢神经系统兴奋症状的患病动物禁用。

中毒解救期间应保持环境安静，避免声音及光线刺激。

因吗啡中毒而使脊髓处于兴奋状态者，禁用本品解救。

排泄缓慢，有蓄积作用，故使用时间不宜太长。

如出现惊厥，应立即静脉注射戊巴比妥以对抗。

因内服本品中毒时，待惊厥控制后，以 0.1%高锰酸钾溶液洗胃。

【不良反应】

毒性大，安全范围小，过量易出现肌肉震颤、惊厥、角弓反张等。

盐酸苯噁唑注射液
Benzoxyazole Hydrochloride Injection

【性状】

淡蓝绿色澄明液体。

【作用与用途】

配合盐酸噻拉唑使用，用于镇静、镇痛中枢性肌肉松弛药噻拉唑的拮抗及催醒解救。

【制剂】

2 毫升：60 毫克。

【用法与用量】

肌内注射。

本品解静松灵、保定灵的用量比为 1∶1，解速眠新的用量比为（1.0～1.5）∶1，解鹿眠灵的用量比为（2～3）∶1。

【注意事项】

用于盐酸赛拉嗪过量中毒急救时，应增加 1 倍用量。

禁用于食品动物。

【不良反应】

包括暂时性焦虑不安、中枢神经系统兴奋、肌肉震颤、流涎、呼吸频率加快和黏膜充血。

第二节　镇静药与抗惊厥药

盐酸氯丙嗪片
Chlorpromazine Hydrochloride Tablets

【性状】

白色片。

【作用与用途】

为多巴胺受体阻断剂，作用广泛而复杂，对中枢神经系统、植物神经系统和内分泌系统均有一定作用。

主要抑制大脑边缘系统和脑干网状结构上行激活系统，使上行性冲动传导受阻，对外界刺激的反应性降低，动物转为安静嗜睡。

本品抑制下丘脑体温调节中枢，使体温显著下降，代谢降低，故也称为冬眠灵。

本品也抑制延脑的催吐化学感受区乃至呕吐中枢，表现止吐作用。它与麻醉药、镇痛药联用，可增强其药效。

此外，还有松弛骨骼肌，对抗植物神经递质的作用，其对抗肾上腺素能神经递质的作用可致血管平滑肌舒张、血压下降，较大剂量可表现便秘、扩瞳及心动过速等胆碱能递质（乙酰胆碱）的阻断效应。

对丘脑下部多巴胺受体的抑制可间接影响多种释放因子和抑制因子的分泌，进而改变动物的其他内分泌腺机能。

可阻断外周的 α 受体，直接扩张血管，解除小动脉和小静

脉痉挛，改善微循环，具有抗休克作用。

本品内服、肌内注射均易吸收，但吸收不规则，有个体和种属差异。体内分布广泛，主要在肝内经羟基化、硫氧化等代谢，有的代谢产物仍有药理活性。大部分由尿排出，其他从粪便排出，有些进入肝肠循环。犬消除半衰期约为6小时。

临床上主要用于犬、猫的镇静，消除各种疾病及中毒导致的烦躁、狂暴症状及降低攻击性，使动物安静、驯服，便于保定和诊疗；也可用于麻醉前给药，显著增强麻醉药时效，减少用量，减轻毒副作用；还可用于高温季节犬、猫长途运输时减轻应激反应。

【制剂】

12.5毫克；25毫克；50毫克。

【用法与用量】

内服。

一次量，犬、猫每千克体重2～3毫克。

【注意事项】

肝、肾功能障碍动物及妊娠动物禁用。

本品能增强其他中枢抑制药的作用，若同时使用应注意调整剂量。

【配伍禁忌】

本品能增强吩噻嗪类药物的作用，但易发生呼吸循环意外，故不宜合用。

本品与巴比妥类或其他中枢抑制药合用，有增加中枢抑制的危险。

氨茶碱可拮抗本品的镇静作用，咖啡因可降低本品的镇静作用。

【不良反应】

最常见的是镇静和运动失调。

犬可出现中枢兴奋，猫会出现肝功能损害和行为习性的改变。

长期应用有成瘾性可能。

盐酸氯丙嗪注射液 Chlorpromazine Hydrochloride Injection

【性状】

无色或几乎无色的澄明液体。

【作用与用途】

同盐酸氯丙嗪片。

【制剂】

2毫升：0.05克；10毫升：0.25克。

【用法与用量】

肌内注射。

一次量，犬、猫每千克体重1～3毫克。

【注意事项】

过量作用引起的低血压禁用肾上腺素解救，但可选用去甲肾上腺素。

有黄疸、肝炎和肾炎的患病动物及年老体弱动物慎用。

【配伍禁忌】

不可与pH5.8以上的药液配伍，如青霉素钠（钾）、戊巴比妥钠、苯巴比妥钠、氨茶碱和碳酸氢钠等。

抗胆碱药可降低氯丙嗪的血药浓度，而氯丙嗪可加重抗胆碱药物的副作用。

本品与肾上腺素联用，因氯丙嗪阻断α受体可发生严重低血压。

与四环素类联用可加重肝损害。

与其他中枢抑制药合用可加强抑制作用（包括呼吸抑制），联用时两药均应减量。

【不良反应】

因使用本品常兴奋不安，易发生意外，马属动物禁用。

过大剂量可使犬、猫等动物出现心律不齐，四肢与头部震颤，甚至四肢与躯干僵硬等不良反应。

地西泮片
Diazepam Tablets

【性状】

白色片。

【作用与用途】

本品属长效苯二氮卓类药物，主要抑制脑干网状结构，阻滞神经冲动的传导，阻抑觉醒反应。

具有镇痛、安定、中枢性肌肉松弛、抗癫痫、抗惊厥作用。小于镇静剂量时可产生良好的抗焦虑作用，明显缓解紧张、恐惧、焦躁不安等症状。较大剂量时可产生镇静、中枢性肌肉松弛作用，能使兴奋不安的动物安静，使有攻击性、狂躁的动物变得温顺，易于接近和管理。

具有抗癫痫作用，但对癫痫小发作效果较差，也不适用于犬癫痫的维持治疗。抗惊厥作用强，能对抗破伤风、药物中毒所引起的惊厥。

临床上主要用于狂躁动物的镇静与保定，如治疗犬癫痫、破伤风、药物中毒及防止动物攻击等。

【制剂】

2.5 毫克；5 毫克。

【用法与用量】

内服。

一次量，犬 5～10 毫克，猫 2～5 毫克。或遵医嘱。

【注意事项】

妊娠动物忌用。

肝肾功能障碍患病动物慎用。

本品能增强其他中枢抑制药的作用，若同时使用应注意调整剂量。

【配伍禁忌】

与镇痛药（如盐酸哌替啶）合用时，应将后者的剂量减少1/3。

能增强吩噻嗪类药物的作用，但易发生呼吸循环意外，故不宜合用。

与巴比妥类或其他中枢抑制药合用，有增加中枢抑制的危险。

【不良反应】

猫可产生行为异常（兴奋、抑郁等），并可能引起肝损害。

犬可出现兴奋效应，不同个体可出现镇静或癫痫两种极端效应。

地西泮注射液
Diazepam Injection

【性状】

几乎无色至黄绿色的澄明液体。

【作用与用途】

同地西泮片。

【制剂】

2毫升：10毫克。

【用法与用量】

静脉注射。

一次量，犬、猫每千克体重0.6～1.2毫克。

【注意事项】

妊娠动物忌用。

肝肾功能障碍患病动物慎用。

静脉注射宜缓慢，以防造成心血管和呼吸抑制。

本品能增强其他中枢抑制药的作用，若同时使用应注意调整剂量。

由于犬有些个体偶见兴奋或癫痫效应，故本品对于犬并不是一种理想的镇静药。

【配伍禁忌】

能增强吩噻嗪类药物的作用，但易发生呼吸循环意外，故不宜合用。

与巴比妥类或其他中枢抑制药合用，有增加中枢抑制的危险。

可减弱琥珀胆碱的肌肉松弛作用。

【不良反应】

同地西泮片。

苯巴比妥片
Phenobarbital Tablets

【性状】

白色片。

【作用与用途】

属长效巴比妥类药物，具有抑制中枢神经系统作用，尤其是大脑皮层运动区。

本品在低于催眠剂量时即可发挥抗惊厥作用。

主要抑制脑干网状结构上行激活系统，减少传入冲动对大脑皮层的影响，同时促进大脑皮层抑制过程的扩散，减弱大脑皮层的兴奋性，产生镇静、催眠作用。

加大剂量，能使大脑、脑干与脊髓的抑制作用更深，骨骼肌松弛，意识及反射消失，直至抑制延髓生命中枢，引起中毒死亡。

本品对丘脑新皮层通路无抑制作用，不具有镇痛效果。

本品与解热镇痛药合用时，可增强其镇痛作用。

本品内服易吸收，钠盐肌内注射易吸收。广泛分布于组织及体液中，其中以肝、脑分布最多。脂溶性低，进入中枢神经系统较慢，药效维持时间长。

临床上为治疗犬癫痫的首选药，对各种癫痫均有效，还可用于猫的镇静和癫痫的治疗。

本品也可用于缓解脑炎、犬瘟热、破伤风等疾病及中枢兴奋药如硝酸士的宁和其他药物中毒所导致的惊厥。

【制剂】

15 毫克；30 毫克；100 毫克。

【用法与用量】

镇静、催眠和抗惊厥：内服，一次量，犬每千克体重 2～8 毫克，猫每千克体重 2～4 毫克，每 12 小时 1 次。

【注意事项】

猫对本品敏感，易导致呼吸抑制。

短时间内不宜连续用药，且有肝、肾功能障碍的患病动物慎用。

内服中毒的初期，可用 1∶2 000 高锰酸钾溶液洗胃，并碱化尿液以加速本品的排泄。

过量抑制呼吸中枢时可用安钠咖、戊四氮、尼可刹米等中枢兴奋药解救。

能使血和尿呈碱性的药物，可加速本品从肾脏排泄；且本品可拮抗麻黄碱的中枢兴奋作用。

【配伍禁忌】

苯巴比妥为肝药酶诱导剂，与下列药物合用时可使后者的

代谢加速，疗效降低：氨基比林、利多卡因、氢化可的松、地塞米松、睾酮、雌激素、孕激素、氯丙嗪、多西环素、洋地黄毒苷等。

与其他中枢抑制药如全麻药、抗组胺药和镇静药等合用，中枢抑制作用加强。

【不良反应】

犬用药后可表现抑郁和烦躁不安，有时会出现运动失调。

注射用苯巴比妥钠
Phenobarbital Sodium for Injection

【性状】

白色有光泽的结晶性粉末。

无臭，味微苦；饱和水溶液呈酸性反应。

在乙醇或乙醚中溶解，在氯仿中略溶，在水中极微溶解，在氢氧化钠或碳酸钠溶液中溶解。

【作用与用途】

同苯巴比妥片。

【药剂】

0.1克；0.5克。

【用法与用量】

静脉注射。

一次量，犬、猫每千克体重10～20毫克（剂量逐渐递增）。

【注意事项】

同苯巴比妥片。

【配伍禁忌】

同苯巴比妥片。

【不良反应】

犬用药后可表现抑郁和烦躁不安，有时会出现运动失调。

第三节　麻醉性镇痛药

盐酸吗啡注射液
Morphine Hydrochloride Injection

【性状】

无色澄明液体，遇光易变质。

【作用与用途】

吗啡是从鸦片中提取的生物碱，是鸦片中起主要药理作用的成分。

主要用于外科手术和外伤性剧痛等，也用于镇咳和镇静。

对各种钝痛和锐痛都能缓解，而意识及其他感觉不受影响。抑制呼吸中枢；对消化系统的作用为小剂量可导致便秘，大剂量兴奋平滑肌。

【制剂】

1 毫升：10 毫克；10 毫升：100 毫克。

【用法与用量】

皮下注射、肌内注射。

一次量，犬、猫每千克体重 0.5～1.0 毫克。

麻醉前给药：犬 0.5～2.0 毫克。

【注意事项】

不宜用于产科阵痛。

【配伍禁忌】

禁止与氯丙嗪、异丙嗪、氨茶碱、巴比妥类等药物混合注射。

【不良反应】

一般反应有恶心、呕吐、呼吸轻度抑制、缩瞳、便秘、低

血压、口干等。

急性中毒时呼吸深度抑制、昏迷，瞳孔因迷走神经兴奋而极度缩小如针，称为“三联症”。

盐酸哌替啶注射液
Pethidine Hydrochloride Injection

【性状】

无色澄明液体。

【作用与用途】

与吗啡的作用相似但较弱，有明显的镇痛与抑制呼吸作用。其镇痛作用约为吗啡的1/10，但作用时间出现快，持续时间较短（2～4个小时）。

对绝大多数剧痛，如急性创伤、手术后及内脏疾病所引起的疼痛均有镇痛功效。

对呼吸的抑制作用时间较短。

还能解除平滑肌的痉挛，对消化道发生痉挛性疼痛时，可以同时有镇痛和解痉两种作用。

临床上主要用于镇痛、麻醉前给药、抗休克和抗惊厥。

【制剂】

1毫升：25毫克；1毫升：50毫克；2毫升：100毫克。

【用法与用量】

皮下注射、肌内注射。

一次量，犬、猫每千克体重2～4毫克。

【注意事项】

患有慢性阻塞性肺部疾患、支气管哮喘、肺源性心脏病和严重肝功能减退的患病动物禁用。

不宜用于妊娠动物、产科手术。

对注射部位有较强刺激性。

【配伍禁忌】

过量中毒时，除用纳洛酮对抗呼吸抑制外，尚须配合使用巴比妥类药物以对抗惊厥。

本品有成瘾性，程度介于吗啡与可待因之间，不宜连续使用。

【不良反应】

过量时可导致瞳孔散大、心动过速、血压下降、呼吸抑制、昏迷。

偶尔可出现震颤、肌肉挛缩、反射亢进，甚至惊厥。

第四节　全身麻醉药与化学保定药

注射用硫喷妥钠 Thiopental Sodium for Injection

【性状】

常用其钠盐，为乳白色或淡色粉末。

有蒜臭，味苦。有引湿性，易溶于水，水溶液不稳定，放置后缓慢分解，呈强碱性。

【作用与用途】

具有高度亲脂性，属超短效巴比妥类药。

静脉注射后迅速抑制大脑皮层，快速呈现麻醉状态，无兴奋期。

肌肉松弛作用差，镇痛作用很弱。能明显抑制呼吸中枢，抑制程度与用量、注射速度有关。

能直接抑制心脏和血管运动中枢，使血压下降。可通过胎盘屏障影响胎儿血液循环及呼吸。

硫喷妥钠脂溶性高，静脉注射首先分布于血液灌流量大的

脑、肝、肾等组织，最后蓄积于脂肪组织内。

主要在肝脏代谢，经脱羟、脱硫后形成巴比妥酸，随尿排出。

临床上主要用作犬的全身麻醉药或基础麻醉药；也可作为抗惊厥药，用于中枢兴奋药中毒、脑炎和破伤风的治疗。

【制剂】

0.5 克；1 克。

【用法与用量】

麻醉：静脉注射，一次量，每千克体重，犬 20～30 毫克，猫 9～11 毫克。

临用时用注射用水或生理盐水配制成 2%溶液。

【注意事项】

肝、肾功能不全忌用，重病、衰弱、休克、腹部手术、支气管哮喘病例禁用。

因本品导致呼吸与血液循环抑制时，可用戊四氮等解救。

【配伍禁忌】

与呋塞米合用会引起或加重低血压。

【不良反应】

猫注射本品后可能出现呼吸窒息、轻度的动脉低血压。

本品只供静脉注射，不可漏出血管外，否则易引起静脉周围炎。不宜快速注射，否则将引起血管扩张和低血糖。

注射用异戊巴比妥钠
Amobarbital Sodium for Injection

【性状】

白色颗粒或粉末。

无臭、味苦。

【作用与用途】

戊巴比妥是中效巴比妥类药物，与其他巴比妥类药物一样具有中枢神经系统抑制作用，小剂量能镇静、催眠，较大剂量能产生麻醉甚至抗惊厥作用，但镇痛作用较弱。

巴比妥类药物的镇静、催眠和麻醉作用机理为抑制脑干网状结构上行激活系统，且具有高度选择性，对丘脑新皮层通路无抑制作用，故无镇痛作用。

戊巴比妥钠对呼吸和循环有显著的抑制作用；能使血液红细胞、白细胞减少，血沉加快，延长血凝时间。苏醒期长。

易通过胎盘屏障，较易通过血脑屏障。

主要在肝脏代谢失活，并从肾脏排泄，蓄积作用较小。

临床上主要用于犬、猫的镇静和全身麻醉，麻醉前使用赛拉嗪可减少本品用量。

用于犬、猫的安乐死，或用于对抗中枢兴奋药硝酸士的宁中毒所致惊厥或其他痉挛性惊厥的治疗。

【制剂】

0.1 克；0.5 克。

【用法与用量】

静脉注射。

镇静：一次量，犬、猫每千克体重 2～4 毫克。

麻醉：一次量，犬、猫每千克体重 25～30 毫克。

抗癫痫：一次量，犬、猫每千克体重 3～15 毫克。

临用前配成 3%～6%溶液。

【注意事项】

麻醉剂量下易出现呼吸抑制。

新生幼猫不宜用本品麻醉。

本品具有“葡萄糖效应”，特别是犬更容易发生（约为 25%）。若术后发生休克，不应静脉注射葡萄糖。

肝功能、肾功能及肺功能不全患病动物禁用。

苏醒期较长，动物手术后在苏醒期内应加强护理。

本品导致的中毒可用戊四氮等解救。

【不良反应】

静脉注射不宜过快，否则偶见呼吸抑制或血压下降。

犬麻醉后易兴奋。

盐酸氯胺酮注射液
Ketamine Hydrochloride Injection

【性状】

无色澄明液体。

【作用与用途】

属于快作用全身麻醉药，具有明显的镇痛作用，对心肺功能几乎无影响；脂溶性高，比硫喷妥钠高 5～10 倍。肌内注射或静脉注射能快速产生作用，但持续时间短暂。

氯胺酮能阻断痛觉冲动向丘脑和新皮层的传导，产生抑制作用，同时也能兴奋脑干和边缘系统，引起感觉与意识分离，即所谓的“分离麻醉”。

氯胺酮在麻醉动物时，动物意识模糊而不完全丧失，麻醉期间眼睛睁开，咽、喉反射依然存在，肌肉张力增加呈木僵样，故又称为“木僵样麻醉”。

小剂量可直接用于短时、相对无痛又不需肌肉松弛的小手术。

由于本品单独应用维持作用时间短，加之肌肉张力增加，因此较复杂的大手术一般采用复合麻醉。

麻醉前给药用阿托品，配合麻醉用赛拉嗪、氯丙嗪等。

用于犬、猫的全身麻醉及化学保定。

【制剂】

2 毫升：0.1 克；10 毫升：0.1 克；20 毫升：0.2 克。

【用法与用量】

猫为肌内注射，镇痛：一次量，每千克体重 1～2 毫克；化学保定：一次量，每千克体重 11 毫克；麻醉：一次量，每千克体重 22～33 毫克，可配合其他注射或吸入性麻醉药（可在 3～5 分钟内麻醉，维持 20～45 分钟，10 小时后完全苏醒）；镇静：一次量，每千克体重氯胺酮 5 毫克＋美托咪啶 0.08 毫克（5 分钟内起效），或每千克体重氯胺酮 5～10 毫克＋咪达唑仑 0.25 毫克（2 分钟内起效）。

犬为静脉注射或肌内注射，一次量，每千克体重5.5～22.0 毫克。

【注意事项】

妊娠后期动物禁用。

马静脉注射应缓慢。

对咽喉或支气管的手术或操作，不宜单用本品，必须合用肌肉松弛剂。

驴、骡对本品不敏感，不宜应用。

给反刍动物应用时，麻醉前常需禁食 12～24 小时，并给予小剂量阿托品抑制腺体分泌；应用时，常用赛拉嗪作麻醉前给药。

【配伍禁忌】

巴比妥类药物或地西泮可延长本品麻醉后的苏醒时间。

骨骼肌阻断剂（如琥珀胆碱、筒箭毒碱）可增强本品的呼吸抑制作用。

【不良反应】

包括血压升高，唾液分泌增多，呼吸抑制，体温升高，呕吐，惊厥，肌肉震颤，张力增加，呼吸困难，痉挛性运动，苏醒期长而无规律，角弓反张和心搏停止等。

盐酸赛拉嗪注射液
Xylazine Hydrochloride Injection

【性状】

无色澄明液体。

【作用与用途】

镇痛性化学保定药，属 α_2 肾上腺素受体激动剂，有安定、镇痛和中枢性肌肉松弛作用。

可单独用于犬、猫的化学保定、镇静及麻醉前给药，也可与其他药物如氯胺酮配合进行复合麻醉。

能直接兴奋猫的呕吐中枢，引起呕吐，可作为猫安全可靠的催吐药，用以驱除猫胃内毒物和异物。

【制剂】

5 毫升：0.1 克；10 毫升：0.2 克。

【用法与用量】

麻醉：肌内注射，一次量，每千克体重，犬 1～3 毫克，猫 3 毫克。

镇痛：肌内注射、静脉注射或皮下注射，一次量，犬、猫每千克体重 0.1～0.5 毫克。

催吐：静脉注射，一次量，猫每千克体重 0.4～0.5 毫克。

【注意事项】

胃肠道机械性梗阻犬、猫及妊娠后期犬、猫不宜应用本品。

静脉注射正常剂量的本品，可发生心脏传导阻滞，心输出量减少，因此可在用药前先注射阿托品。

【配伍禁忌】

本品与水合氯醛、硫喷妥钠或戊巴比妥钠等全身麻醉药合用时，可减少全身麻醉药的用量，增强麻醉效果。

【不良反应】

犬、猫应用本品可引起呕吐。

盐酸赛拉唑注射液
Xylazole Hydrochloride Injection

【性状】

无色澄明液体。

【作用与用途】

本品为我国合成的一种镇痛性化学保定药，其药理作用与盐酸赛拉嗪相似，有安定、镇痛和中枢性肌肉松弛作用。

静脉注射后1分钟或肌内注射后10～15分钟，即呈现良好的镇静和镇痛作用。动物出现镇静和嗜睡状态，表现头低垂，上眼睑和唇下垂，流涎和舌松弛，四肢抖动，站立不稳，针刺反应迟钝。

本品与氟哌啶醇及双氢埃托啡组成的复方制剂（速眠新Ⅱ注射液）已广泛应用于兽医临床，作为犬、猫等小动物的全身麻醉和化学保定。

【制剂】

5毫升：0.1克；10毫升：0.2克。

【用法与用量】

肌内注射。

一次量，每千克体重，犬2.2毫克，猫1.8～2.1毫克（纯种剂量可稍减）。

【注意事项】

产乳动物禁用。

有呼吸抑制、心脏病、肾功能不全等症状的患病动物慎用。

马静脉注射速度宜慢，给药前可先注射小剂量阿托品，以

免发生心脏传导阻滞。

反刍动物使用本品前应禁食一定时间，并注射阿托品；手术时应采用伏卧姿势，并将头放低，以防止异物性肺炎及减轻瘤胃胀气时压迫心肺。

中毒时，可用 α_2 受体阻断药及阿托品等解救。

【不良反应】

犬在麻醉诱导期常出现呕吐，可在麻醉前 10～15 分钟肌内注射阿托品。

氯化琥珀胆碱注射液
Suxamethonium Chloride Injection

【性状】

无色或几乎无色澄明黏稠液体。

【作用与用途】

为去极化型肌松药，用药后动物先出现短暂的肌束颤动，3 分钟内即转为肌肉麻痹，导致肌肉松弛。

首先松弛头部、颈部肌肉，继而松弛躯干和四肢肌肉，最后松弛肋间肌和膈肌。用量过大，肋间肌和膈肌麻痹，动物可因窒息死亡。

注射起效快，但持续时间短，主要是由于在血液中被血浆假性胆碱酯酶水解。

用于动物的化学保定和外科辅助麻醉。

【制剂】

1 毫升：50 毫克；2 毫升：100 毫克。

【用法与用量】

肌内注射。

一次量，犬、猫每千克体重 0.06～0.11 毫克。

【注意事项】

年老体弱、营养不良者及妊娠动物忌用。

高血钾、心肺疾患、电解质紊乱和使用抗胆碱酯酶药时慎用。

琥珀胆碱在碱性溶液中可水解失效。

【配伍禁忌】

水合氯醛、氯丙嗪、普鲁卡因和氨基糖苷类抗生素能增强本品的肌松作用和毒性，不可合用。

本品与新斯的明、有机磷类化合物同时应用，可使作用和毒性增强；噻嗪类利尿药可增强本品的作用。

【不良反应】

用药过程中如发现呼吸抑制或停止时，应立即将舌拉出，施以人工呼吸或输氧。

第四章 PART FOUR

外周神经系统药物

第一节　拟胆碱药

氯化氨甲酰甲胆碱注射液
Bethanechol Chloride Injection

【性状】

无色澄明液体。

【作用与用途】

可激动M胆碱受体，特别是对胃肠道和膀胱平滑肌的选择性较高，作用较强，对心血管系统的作用较弱。

促进唾液、胃肠液分泌的作用快而持久，能增强胃肠蠕动、子宫和膀胱收缩及反刍动物反刍机能等。因此，主要用于治疗胃肠弛缓，促进体液分泌，增强食欲，帮助消化。

也用于治疗膀胱积尿、胎衣不下和子宫蓄脓等。

【制剂】

1毫升：2.5毫克；5毫升：12.5毫克；10毫升：25毫克。

【用法与用量】

皮下注射。

一次量，犬、猫每千克体重0.25～0.50毫克。

【注意事项】

过量时可引起皮肤潮红、出汗、呕吐、流涎、哮喘发作，必要时可用阿托品解救。

禁用于机械性肠梗阻和尿路梗阻、痉挛等。

【不良反应】

绝不可静脉注射或肌内注射给药，以免引起强烈不良反应。

甲硫酸新斯的明注射液
Neostigmine Methylsulfate Injection

【性状】

无色澄明液体。

【作用与用途】

通过抑制胆碱酯酶活性而发挥完全拟胆碱作用，此外能直接激动骨骼肌运动终板上的烟碱样受体（N_2 受体）。

其作用特点为对腺体、眼、心血管及气管平滑肌作用较弱，对胃肠道平滑肌能促进胃收缩和增加胃酸分泌，并促进小肠、大肠蠕动。

对骨骼肌兴奋作用较强，但对中枢作用较弱。

可作为重症肌无力的治疗和诊断用药，也可用于治疗手术后的腹部胀气和尿潴留、非去极化肌松药过量中毒、阵发性室上性心动过速。

【制剂】

1毫升：0.5毫克；1毫升：1毫克；5毫升：5毫克；10毫升：10毫克。

【用法与用量】

皮下注射或肌内注射。

一次量，犬、猫0.25～1.00毫克。

【注意事项】

机械性肠梗阻或支气管哮喘的患病动物禁用。

中毒时可用阿托品对抗其对 M 受体的兴奋作用。

【配伍禁忌】

本品不宜与去极化肌松药合用。某些能干扰肌肉传递的药物，如奎尼丁，能使本品作用减弱，不宜合用。

【不良反应】

本品可导致药疹，大剂量时可引起恶心、呕吐、腹泻、流泪、流涎等，严重时可出现共济失调、惊厥、昏迷、焦虑不安、恐惧，甚至心脏停搏。

第二节 抗胆碱药

硫酸阿托品片
Atropine Sulfate Tables

【性状】

白色片。

【作用与用途】

为阻断 M 胆碱受体的节后抗胆碱药。

其作用广泛，但主要解除平滑肌痉挛，对过度活动或痉挛时的许多内脏平滑肌具有显著的松弛作用。

抑制腺体分泌，特别对唾液腺与汗腺具有强大的抑制作用。

扩大瞳孔，升高眼压，调节麻痹；解除迷走神经对心脏的抑制作用，使心率加速。

有抗休克作用，由于大剂量时能解除血管痉挛，扩张外周与内脏血管，局部血流灌注量增加。

兴奋呼吸中枢，对抗体内蓄积的乙酰胆碱而解除有机磷农药中毒。

用于治疗胃、肠、胆、肾等器官的绞痛，有机磷中毒、虹膜睫状体炎、早期严重感染性疾病引起的休克，还可作为麻醉前给药。

【制剂】

0.3毫克。

【用法与用量】

内服。

一次量，犬、猫每千克体重0.02～0.04毫克。

【注意事项】

剂量过大，有中枢神经兴奋症状，烦躁不安，以致惊厥。兴奋过度转入抑制，呼吸困难，可致死亡。

阿托品中毒的解救主要做对症处理，如用小剂量苯巴比妥使之镇静。必要时，可用新斯的明解除外周症状。

【配伍禁忌】

阿托品可增强噻嗪类利尿药、拟肾上腺素药物的相互作用；可加重双甲脒的毒性症状，引起肠蠕动的进一步抑制。

【不良反应】

在麻醉前给药或治疗消化道疾病时，易导致肠臌胀、便秘等，常表现为口干、心悸、瞳孔散大、视力模糊、皮肤干燥、体温升高及尿潴留等。

硫酸阿托品注射液
Atropine Sulfate Injection

【性状】

无色澄明液体。

【作用与用途】

同硫酸阿托品片。

【制剂】

1毫升：0.5毫克；2毫升：1毫克；1毫升：5毫克。

【用法与用量】

皮下注射或静脉注射，一次量，犬、猫每千克体重0.02～0.05毫克。

麻醉前给药，一次量，犬、猫每千克体重0.02～0.05毫克。

有机磷中毒解救，根据中毒程度，一次量，犬、猫每千克体重0.10～0.15毫克。

【注意事项】

同硫酸阿托品片。

【不良反应】

同硫酸阿托品片。

氢溴酸东莨菪碱注射液
Scopolamine Hydrobromide Injection

【性状】

无色澄明液体。

【作用与用途】

作用与阿托品相似，扩大瞳孔和抑制腺体分泌作用较阿托品强，对心血管、支气管和胃肠道平滑肌作用较弱。

中枢作用与阿托品不同，对犬、猫小剂量呈现中枢抑制作用，大剂量呈现兴奋作用。

用于治疗胃肠道平滑肌痉挛、腺体分泌过多等。

【制剂】

1毫升：0.3毫克；1毫升：0.5毫克。

【用法与用量】

皮下注射。

一次量，犬、猫 0.2～0.5 毫克。

【注意事项】

心律紊乱，慢性支气管炎病例慎用。

中毒解救时宜采用对症性支持疗法，极度兴奋时可试用毒扁豆碱、短效巴比妥类、水合氯醛等药物对抗。禁用吩噻嗪类药物如氯丙嗪治疗。

【配伍禁忌】

可增强噻嗪类利尿药、拟肾上腺素药物的相互作用。可加重双甲脒的毒性症状，引起肠蠕动的进一步抑制。

【不良反应】

用药时可引起胃肠蠕动减弱、腹胀、便秘、尿潴留、心动过速。

第三节　拟肾上腺素药

重酒石酸去甲肾上腺素注射液
Noradrenaline Bitartrate Injection

【性状】

无色或几乎无色澄明液体；遇光和空气易变质。

【作用与用途】

为肾上腺素受体激动药，是强烈的 α 受体激动药，同时也激动 β 受体。通过激动 α 受体，可引起血管极度收缩，使血压升高，冠状动脉血流增加；通过激动 β 受体，使心肌收缩加强，心排出量增加。

用于治疗急性心肌梗死、体外循环等引起的低血压，血容

量不足所致的休克、低血压，嗜铬细胞瘤切除术后的低血压。

本品作为急救时补充血容量的辅助治疗，可以使血压回升，暂时维持脑与冠状动脉灌注，直到补充血容量治疗发生作用。

也可用于治疗椎管内阻滞时的低血压及心搏骤停复苏后的血压维持。

临床上主要利用它的升压作用，用于各种休克（出血性休克禁用）的治疗，以提高血压、保证对重要器官（如脑）的血液供给。

使用时间不宜过长，否则可引起血管持续强烈收缩，使组织缺氧情况加重。

应用酚妥拉明以对抗过分强烈的血管收缩作用，常能改善休克时的组织血液供给。

【制剂】

1 毫升：2 毫克；2 毫升：10 毫克。

【用法与用量】

静脉注射。

一次量，犬、猫 1～3 毫克。

临用前稀释成 4～8 微克/毫升的药液。

【注意事项】

注射以前应对受压部位采取措施，减轻压迫。如一旦发现坏死，除使用血管扩张剂外，应尽快热敷，并给予大剂量普鲁卡因进行封闭。静脉给药时，必须防止药液漏出血管外。

【配伍禁忌】

与洋地黄苷同用，因心肌敏感性升高，会导致心律失常。与催产素、麦角新碱等合用，可增强血管收缩，导致高血压或外周组织缺血。

【不良反应】

大剂量可引起高血压、心律失常。

抢救时，长时间持续使用本品或其他血管收缩药，重要器官如心、肾等会因毛细血管灌注不良而受到影响，甚至导致不可逆性休克。

浓度高时，注射局部和四周可能发生反应性血管痉挛、局部皮肤苍白，时久可引起缺血性坏死。

盐酸肾上腺素注射液
Epinephrine Hydrochloride Injection

【性状】

无色或几乎无色澄明液体；受日光照射或与空气接触易变质。

【作用与用途】

对 α 与 β 受体均有很强的兴奋作用，药理作用广泛而复杂。

通过激动心脏 β_1 受体，提高心肌兴奋性，增强心率和心肌收缩力，增加心输出量。

通过激动血管 α 受体，使皮肤、黏膜和肾脏血管强烈收缩；通过激动 β_2 受体，使冠状血管和骨骼肌血管扩张。

对血压的影响与剂量有关，常用剂量下使收缩压升高，舒张压不变或下降；大剂量时收缩压和舒张压均升高。

通过激动支气管平滑肌 β_2 受体，产生快速而强大的松弛支气管平滑肌的作用。

可抑制肥大细胞释放致炎和致敏性物质，间接缓解支气管平滑肌痉挛，加之其能收缩支气管黏膜血管，降低了毛细血管通透性，从而有助于缓解过敏性疾病的呼吸困难症状。

用于心脏骤停的急救；缓解严重过敏性疾患的症状；也常与局部麻醉药配伍，以延长局部麻醉持续时间。

【制剂】

0.5毫升：0.5毫克；1毫升：1毫克；5毫升：5毫克。

【用法与用量】

皮下注射：一次量，犬0.1～0.5毫升。

静脉注射：一次量，犬0.1～0.3毫升，临用前稀释成4～8微克/毫升的药液。

【注意事项】

本品如变色即不得使用。

器质性心脏疾患、甲状腺功能亢进、外伤性及出血性休克患病动物慎用。

【配伍禁忌】

与全身麻醉药如水合氯醛合用时，易发生心室颤动。也不能与洋地黄、钙剂合用。

【不良反应】

可诱发兴奋、不安、颤抖、呕吐、高血压（过量）、心律失常等。局部重复注射可引起注射部位组织坏死。

第四节　局部麻醉药

盐酸普鲁卡因注射液
Procaine Hydrochloride Injection

【性状】

无色澄明液体。

【作用与用途】

为酯类局部麻药，能暂时阻断神经纤维的传导而具有麻醉作用。

对皮肤、黏膜穿透力弱，不适于表面麻醉。

弥散性和通透性差，其盐酸盐在组织中被解离后释放出游离碱而发挥局部麻醉作用。

对中枢神经系统常量时抑制，过量时兴奋。

为短效局部麻醉药，用于浸润麻醉、阻滞麻醉、蛛网膜下腔麻醉、硬膜外麻醉和封闭疗法等。也可用于复合麻醉。

【制剂】

5 毫升：0.15 克；10 毫升：0.3 克；50 毫升：1.25 克；50 毫升：2.5 克。

【用法与用量】

浸润麻醉、封闭疗法，注射范围较大的一般用 0.25%～0.50%溶液；注射范围较小的用 1%溶液。若需加肾上腺素，加入量一般为 0.002～0.004 毫克/毫升。

传导麻醉，2%～5%溶液，一般每次注射 2～5 毫升。

【注意事项】

应用时常加入 0.1%盐酸肾上腺素注射液，以减少普鲁卡因吸收，延长局麻时间。

【配伍禁忌】

普鲁卡因在体内的代谢产物对氨基苯甲酸，能竞争性地对抗磺胺药的抗菌作用，另一种代谢产物二乙氨基乙醇能增强洋地黄的减慢心率和房室传导作用，故不应与磺胺药或洋地黄合用。

与青霉素形成盐可延缓青霉素的吸收。

【不良反应】

剂量过大易出现吸收作用，可引起中枢神经系统先兴奋后抑制的中毒症状，应进行对症治疗。

盐酸利多卡因注射液
Lidocaine Hydrochloride Injection

【性状】

无色澄明液体。

【作用与用途】

为酰胺类局麻药和抗心律失常药。

肌内注射吸收后或静脉给药，对中枢神经系统有明显的兴奋和抑制双相作用，且可无先驱地兴奋，血药浓度较低时，出现镇痛和嗜睡，痛阈提高。随着剂量加大，作用或毒性增强。

在低剂量时，可促进心肌细胞内 K^+ 外流，降低心肌的自律性，从而具有抗室性心律失常作用。

在治疗剂量时，对心肌细胞的电活动、房室传导和心肌的收缩无明显影响。血药浓度进一步升高，可引起心脏传导速度减慢，房室传导阻滞，抑制心肌收缩力和使心输出量下降。

主要用于浸润麻醉、硬膜外麻醉、表面麻醉及神经传导阻滞。

也可用于治疗急性心肌梗死后室性早搏和室性心动过速，洋地黄类中毒，心脏外科手术及心导管引起的室性心律失常。

本品对室上性心律失常通常无效。

【制剂】

5 毫升：0.1 克；10 毫升：0.2 克；10 毫升：0.5 克；20 毫升：0.4 克。

【用法与用量】

表面麻醉，2%～5%溶液。

传导麻醉，2%溶液。

浸润麻醉，0.25%～0.50%溶液，每个注射点 1～3 毫升。

【注意事项】

用于硬膜外麻醉和静脉注射时，不可加肾上腺素。

剂量过大易出现吸收作用，可引起中枢抑制、共济失调、肌肉震颤等。

【配伍禁忌】

与抗肾上腺素药合用，可增强本品的药效。

与其他抗心律失常药合用可增加本品的心脏毒性。

【不良反应】

按推荐剂量使用有时出现呕吐；过量使用主要有嗜睡、共济失调、肌肉震颤等。

大剂量使用被吸收后可引起中枢兴奋，如惊厥，甚至发生呼吸抑制。

第五章 PARTT FIVE

抗 炎 药

氢化可的松注射液
Hydrocortisone Injection

【性状】

无色澄明液体。

【作用与用途】

抗炎作用：能对抗各种原因（如物理、化学、生物、免疫等）所引起的炎症。

免疫抑制作用：抑制细胞和体液免疫，可治疗或控制许多过敏性疾病的临床症状。

抗毒素作用：能提高机体对有害刺激的应激能力，减轻细菌内毒素对机体的损害，缓解毒血症症状。

抗休克作用：超大剂量糖皮质激素可增强机体对抗休克的能力，对各种休克，如过敏性、中毒性、低血容性、心源性等休克都有一定疗效。

影响代谢：如升高血糖、促进肝糖原形成，增加蛋白质和脂肪的分解，抑制蛋白质合成。

常用于治疗眼科炎症、皮炎、关节炎等。

【制剂】

2 毫升：10 毫克；5 毫升：25 毫克；20 毫升：100 毫克。

【用法与用量】

静脉注射。

一次量，犬、猫 5～10 毫克，每日 1 次。

【注意事项】

严格掌握适应证，防止滥用。

用于严重的急性细菌性感染时应与足量有效的抗菌药合用。

大剂量可增加钠的重吸收和钾、钙和磷的排除，长期使用可导致水肿、骨质疏松等。

严重肝功能不良、骨软症、骨折治疗期、创伤修复期、疫苗接种期动物禁用。

妊娠后期大剂量使用可引起流产，因此妊娠早期及后期的宠物禁用。

长期用药不能突然停药，应逐渐减量，直至停药。

【配伍禁忌】

苯巴比妥等肝药酶诱导剂可促进本类药物的代谢，使药效降低。

本类药物可使水杨酸盐的消除加快、疗效降低，合用时还易引起消化道溃疡。

本品可使内服抗凝血药的疗效降低，两者合用时应适当增加抗凝血药的剂量。

噻嗪类利尿药能促进钾排泄，与本品合用时应注意补钾。

【不良反应】

诱发或加重感染。

诱发或加重溃疡病。

导致骨质疏松、肌肉萎缩、伤口愈合延缓。

有较强的水钠潴留和排钾作用。

醋酸可的松注射液
Cortisone Acetate Injection

【性状】

细微颗粒的混悬液，静置后颗粒下沉，振摇后成均匀的乳白色混悬液。

【作用与用途】

本品进入体内后转化为氢化泼尼松而起作用，其抗炎作用较天然的氢化可的松强 4～5 倍，水、钠潴留作用较小。

本品主要供内服和局部应用，用于治疗腱鞘炎、关节炎、皮肤炎症、眼科炎症及严重的感染性、过敏性疾病等。给药后作用时间为 12～36 小时。

【制剂】

10 毫升：0.25 克。

【用法与用量】

滑囊、腱鞘或关节囊内注射，一次量，犬、猫 0.025 克。

肌内注射，一次量，犬、猫 0.025～0.100 克。

【注意事项】

妊娠早期及后期宠物禁用。

患骨质疏松症、严重肝功能不良及骨折治疗期、创伤修复期、疫苗接种期动物禁用。

用于治疗急性细菌性感染时，应与抗菌药配伍使用。

长期用药不能突然停药，应逐渐减量，直至停药。

【配伍禁忌】

苯巴比妥等肝药酶诱导剂可促进本类药物的代谢，使药效降低。

本类药物可使水杨酸盐的消除加快、疗效降低，合用时还易引起消化道溃疡。

与强心苷合用，可增加洋地黄毒性及心律紊乱的发生；本品可使内服抗凝血药的疗效降低，两者合用时应适当增加抗凝血药的剂量。

与排钾利尿药合用，可导致严重低血钾症，并由于水钠潴留而减弱利尿药的排钠利尿效应。

【不良反应】

有较强的水钠潴留和排钾作用。

有较强的免疫抑制作用。

妊娠后期大剂量使用可引起流产。

大剂量或长期用药易引起肾上腺皮质功能低下。

醋酸氢化可的松注射液
Hydrocortisone Acetate Injection

【性状】

细微颗粒的混悬液，静置后颗粒下沉，振摇后成均匀的乳白色混悬液。

【作用与用途】

同氢化可的松注射液。

【制剂】

5毫升：125毫克。

【用法与用量】

肌内注射。

一次量，犬、猫0.5～2.0毫克。

【注意事项】

同醋酸可的松注射液。

【配伍禁忌】

同醋酸可的松注射液。

【不良反应】

同醋酸可的松注射液。

醋酸泼尼松片
Prednisone Acetate Tablets

【性状】

白色片。

【作用与用途】

本品本身无药理活性,需在体内转化为氢化泼尼松后显效。

具有抗炎、抗过敏、抗毒素和抗休克作用。

本品的抗炎作用和糖原异生作用为氢化可的松的4倍，而水钠潴留及排钾作用比氢化可的松小。

因抗炎、抗过敏作用强，副作用较少，故较常用。

能促进蛋白质转变为葡萄糖，减少机体对糖的利用，使血糖和肝糖原增加，出现糖尿。

用于治疗各种炎症、过敏性疾病。

【制剂】

5毫克。

【用法与用量】

内服。

一次量，犬、猫0.5～2.0毫克，每日1次。

【注意事项】

同醋酸可的松注射液。

【配伍禁忌】

同醋酸可的松注射液。

【不良反应】

同醋酸可的松注射液。

地塞米松磷酸钠注射液
Dexamethasone Sodium Phosphate Injection

【性状】

无色澄明液体。

【作用与用途】

地塞米松的作用与氢化可的松基本相似，但作用较强，显效时间长，副作用较小。

抗炎作用和糖原异生作用为氢化可的松的 25 倍，而水钠潴留和排钾的作用比氢化可的松的稍小。对垂体-肾上腺皮质轴的抑制作用较强。

本品除上述作用外，还可用于妊娠宠物同期分娩的引产，但可使胎盘滞留率升高，泌乳延迟，子宫恢复到正常状态较晚。犬肌内注射给药后，显示出快速的全身作用，0.5小时血药达到峰浓度，半衰期约为 48 小时，主要经粪和尿排泄。

用于严重感染性疾病，如各种败血症、中毒性肺炎、中毒性菌痢、腹膜炎、产后急性子宫炎的辅助治疗；治疗过敏性疾病（如过敏性鼻炎、荨麻疹、变态反应性呼吸道炎症、过敏性湿疹等）和各种原因导致的休克。

【制剂】

1 毫升：1 毫克；1 毫升：2 毫克；1 毫升：5 毫克。

【用法与用量】

肌内注射、静脉注射。

一日量，犬、猫 0.125～1.000 毫克。

【注意事项】

妊娠早期及后期宠物禁用。

患严重肝功能不良、骨软症及骨折治疗期、创伤修复期、疫苗接种期动物禁用。

严格掌握作用与用途，防止滥用。

用于治疗细菌性感染时应与抗菌药合用。

长期用药不能突然停药，应逐渐减量，直至停药。

【配伍禁忌】

苯巴比妥等肝药酶诱导剂可促进本类药物的代谢，使药效降低。

可使水杨酸盐的消除加快、疗效降低，合用时还易引起消化道溃疡。

可使内服抗凝血药的疗效降低，两者合用时应适当增加抗凝血药的剂量。

噻嗪类利尿药能促进钾排泄，合用时应注意补钾。

【不良反应】

有较强的水钠潴留和排钾作用。

有较强的免疫抑制作用。

妊娠后期大剂量使用可引起流产。

可导致犬迟钝、被毛干燥、体重增加、喘息、呕吐、腹泻、肝脏药物代谢酶升高、胰腺炎、胃肠溃疡、脂血症，引发或加剧糖尿病、肌肉萎缩、行为改变（沉郁、昏睡、富于攻击），可能需要中止给药。

猫偶尔可见多饮、多食、多尿、体重增加、腹泻或精神沉郁；长期高剂量给药治疗可导致皮质激素分泌紊乱。

醋酸地塞米松片
Dexamethasone Acetate Tablets

【性状】

白色片。

【作用与用途】

本品的作用较氢化可的松强 25 倍，而水钠潴留作用基本消失。

广泛用于治疗犬、猫多种疾病，如炎症、休克、过敏性疾病、皮肤病、眼科疾病及蛇虫咬伤。

还用于犬、猫的急性白血病、恶性淋巴瘤等的辅助治疗。因应用广泛，有取代其他合成糖皮质激素的趋势。

也可用于妊娠宠物的同期分娩。

【制剂】

0.75 毫克。

【用法与用量】

内服。

一次量，犬、猫 0.125～1.000 毫克，每日 2 次。

【注意事项】

患骨质疏松症和疫苗接种期的动物禁用。

用于治疗急性细菌性感染时应与抗菌药物配伍使用。

易引起妊娠动物早产。

【配伍禁忌】

同醋酸可的松注射液。

【不良反应】

同醋酸可的松注射液。

倍他米松片
Betamethasone Tablets

【性状】

白色片。

【作用与用途】

本品具有抗炎、抗过敏、抗毒素、抗休克作用，但其抗炎作用和糖原异生作用较地塞米松强，为氢化可的松的 30 倍，水钠潴留作用稍弱于地塞米松。

用于治疗炎症性、过敏性疾病等。

本品内服易吸收，在体内广泛分布。

【制剂】

0.5 毫克。

【用法与用量】

内服。

一次量，犬、猫 0.25～1.00 毫克。

【注意事项】

患严重肝功能不良、骨软症及骨折治疗期、创伤修复期、疫苗接种期动物禁用。

妊娠早期及后期动物禁用。

严格掌握适应证，防止滥用。

用于治疗细菌性感染时应与抗菌药合用。

长期用药不能突然停药，应逐渐减量，直至停药。

【配伍禁忌】

苯巴比妥等肝药酶诱导剂可促进本品的代谢，使药效降低。

可使水杨酸盐的消除加快、疗效降低。

噻唑类利尿药能促进钾排泄，与本品合用时可导致低血钾，应注意补钾。

【不良反应】

同醋酸可的松注射液。

美洛昔康注射液
Meloxicam Injection

【性状】

黄色或黄绿色澄明液体。

【作用与用途】

为解热镇痛抗炎药。

用于治疗犬软组织及骨、关节损伤引起的疼痛，如股骨头切除术、髋关节发育不良等引发的疼痛。

【制剂】

2毫升∶4毫克；20毫升∶40毫克。

【用法与用量】

以美洛昔康计，皮下注射。

每千克体重，犬首次量0.2毫克，维持量0.1毫克，每日1次，连用7日。

【注意事项】

妊娠期、泌乳期或不足6周龄的犬不推荐使用。

对本品过敏的犬禁用。

存在肾毒性的潜在风险，请慎用于脱水、血容量减少或低血压的动物。

胃肠道溃疡或出血，肝脏、心脏或肾脏功能受损及出血异常的犬禁用。

禁止与糖皮质激素、其他非类固醇类消炎药或抗凝血剂合用。

对非类固醇类抗炎药过敏的人应避免接触本品。

【配伍禁忌】

与其他非类固醇类抗炎药合用时有增加胃肠道溃疡及出血的危险性。

同时内服抗凝剂、氨苄噻哌啶、肝素、溶栓药，可增加出血的可能。

能增加氨甲蝶呤的血液毒性、环孢素的肾毒性。

【不良反应】

食欲不振、呕吐、腹泻。通常是暂时性的，极少数会引起死亡。

第六章 PART SIX

泌尿生殖系统药物

丙酸睾酮注射液
Testosterone Propionate Injection

【性状】

无色至淡黄色澄明油状液体。

【作用与用途】

本品为天然雄激素睾酮的酯化衍生物，药理作用与甲基睾酮相同，特点是肌内注射作用时间较持久。

主要用于治疗雄激素缺乏所致隐睾症，成年雄激素分泌不足的性欲缺乏。

还可用于治疗虚弱性疾病，加速骨折愈合，缓解贫血症状。

也可用于抑制母犬、母猫发情，治疗母犬的假妊娠、睾酮反应性尿失禁及脱毛。

【制剂】

1毫升：25毫克；1毫升：50毫克。

【用法与用量】

肌内注射或皮下注射。

一次量，犬、猫20～50毫克，每周2～3次。

【注意事项】

具有水钠潴留作用，肾、心或肝功能不全患病动物慎用。

本品可以用于治疗，但不得在动物性食品中检出。

【不良反应】

注射部位可能出现硬结、疼痛、感染及荨麻疹。

苯丙酸诺龙注射液
Nandrolone Phenylpropionate Injection

【性状】

淡黄色澄明油状液体。

【作用与用途】

为人工合成的蛋白质同化激素，主要用于治疗虚弱性疾病，包括手术后或热性病的康复期和各种长期消耗性疾病，宠物严重营养不良，幼龄宠物发育不全，肌萎缩和骨质疏松症等。

可加速外伤、烧伤和骨折等愈合。

还可直接刺激骨髓形成红细胞，促进肾脏分泌促红细胞生成素，增加红细胞的生成。

【制剂】

1毫升：10毫克；1毫升：25毫克。

【用法与用量】

肌内注射或皮下注射。

一次量，犬、猫每千克体重1～5毫克，每21日1次。

一次给药最高剂量，犬可达40～50毫克，猫可达20～25毫克。

【注意事项】

可以作治疗用，但不得在动物性食品中检出。

禁止作为促生长剂使用。

肝、肾功能不全动物慎用。

【不良反应】

可引起钠、钙、钾、水、氯和磷潴留以及繁殖机能异常。

可引起肝脏毒性。

苯甲酸雌二醇注射液
Estradiol Benzoate Injection

【性状】

淡黄色澄明油状液体。

【作用与用途】

能促进子宫、输卵管、阴道和乳腺的生长和发育。

小剂量可促进垂体促黄体素分泌。

大剂量可抑制垂体分泌促卵泡素，也能抑制泌乳。

能促进蛋白质合成。

用于治疗胎衣不下，排除死胎；治疗子宫炎、子宫蓄脓；治疗前列腺肥大、尿失禁、雌犬过度发情；诱导泌乳。

【制剂】

1毫升：1毫克；1毫升：2毫克。

【用法与用量】

肌内注射。

一次量，犬、猫0.2～0.5毫克。

【注意事项】

妊娠早期的动物禁用，以免引起流产或胎儿畸形。

可以作治疗用，但不得在动物性食品中检出。

猫禁用。

【不良反应】

对犬等幼龄动物偶见血液恶液质，但老年动物或大剂量应用时多见。起初血小板和白细胞增多，但逐渐发展为血小板和白细胞下降，严重时可导致再生障碍性贫血。

偶见囊性子宫内膜增生和子宫蓄脓。

黄体酮注射液
Progesterone Injection

【性状】

无色至淡黄色澄明油状液体。

【作用与用途】

作用于子宫内膜，能使雌激素所引起的增殖期转化为分泌期，为孕卵着床做好准备。

抑制子宫收缩，降低子宫对缩宫素的敏感性，有安胎作用。

抑制发情和排卵。

刺激乳腺腺泡发育，为泌乳做好准备。

治疗习惯性流产、先兆性流产。

与雌激素共同作用，刺激乳腺腺泡发育，为泌乳做准备。

【制剂】

1毫升：10毫克；1毫升：50毫克；5毫升：100毫克。

【用法与用量】

肌内注射。

一次量，犬2～5毫克。

【注意事项】

长期应用可使妊娠期延长。

乳用动物在泌乳期不得使用。

【配伍禁忌】

抗真菌类药物会使黄体酮的活性灭活，因此不推荐合并使用。

与醋酸乌利司他合用会降低相互的治疗作用，不推荐合并使用。

苯巴比妥可诱导肝脏微粒体酶加速黄体酮类化合物灭活，

从而降低其作用。

【不良反应】

按规定的用法用量使用尚未见不良反应。

注射用促黄体素释放激素 A_3
Luteinizing Hormone Releasing Hormone A_3 for Injection

【性状】

白色冻干块状物或粉末。

【作用与用途】

用于治疗排卵迟滞、卵巢静止、持久黄体、卵巢囊肿。

【制剂】

25微克；50微克；125微克。

【用法与用量】

肌内注射。

一次量，犬、猫15微克。

【注意事项】

不能减少剂量多次使用，以免引起免疫耐受、性腺萎缩退化等不良反应，降低效果。

【配伍禁忌】

使用本品后一般不能再用其他类激素。

【不良反应】

使用剂量过大，可能导致催产失败。

第七章 PART SEVEN

抗过敏药

盐酸苯海拉明注射液
Diphenhydramine Hydrochloride Injection

【性状】

无色澄明液体。

【作用与用途】

有明显的抗组胺作用，能解除支气管和肠道平滑肌痉挛，降低毛细血管的通透性，减弱变态反应。还有镇静、抗胆碱、止吐和轻度局麻作用，但对组胺引起的腺体分泌无拮抗作用。显效快，维持时间短。

主要用于治疗过敏性疾病，如荨麻疹、血清病、湿疹、皮肤瘙痒症、水肿、神经性皮炎、药物过敏反应等。

对过敏引起的胃肠痉挛、腹泻等也有一定的疗效。

也用于过敏性休克、由食物过敏引起的腹泻及被蛇、昆虫咬伤的辅助治疗。

对过敏性支气管炎的疗效差。

【制剂】

1 毫升：20 毫克；5 毫升：100 毫克。

【用法与用量】

抗过敏、止吐：肌内注射，一次量，犬、猫每千克体重 1 毫克，每 8 小时 1 次。

严重的荨麻疹和血管性水肿：肌内注射，一次量，犬、猫

每千克体重 2 毫克，每 12 小时 1 次。

【注意事项】

对于过敏性疾病，本品仅是对症治疗，同时还需对因治疗。

对严重的急性过敏性病例，一般先给予肾上腺素，然后再注射本品。全身治疗一般需持续 3 日。

【配伍禁忌】

盐酸苯海拉明可短暂影响巴比妥类药物和磺胺醋酸钠的吸收。

盐酸苯海拉明和对氨基水杨酸钠同用可降低后者的血药浓度。

【不良反应】

本品有较强的中枢抑制作用。

大剂量静脉注射时常出现中毒症状，以中枢神经系统过度兴奋为主。此时可静脉注射短效巴比妥类药物（如硫喷妥钠）进行解救，但不可使用长效或中效巴比妥类药物。

盐酸异丙嗪注射液
Promethazine Hydrochloride Injection

【性状】

无色澄明液体。

【作用与用途】

为氯丙嗪的衍生物，有较强的中枢抑制作用，但比氯丙嗪弱。也能增强麻醉药和镇静药的作用，还有降温和止吐作用。

抗组胺作用较盐酸苯海拉明强而持久，作用时间超过 24 小时。对过敏引起的胃肠痉挛、腹泻也有一定疗效。

也可用于治疗因组织损伤而伴发组胺释放的疾病，如烧伤、冻伤、湿疹、脓毒性子宫内膜炎等。还可用于治疗过敏性休克、饲料过敏引起的腹泻等的辅助治疗。

还可加强麻醉药、镇静药、镇痛药和局麻药的作用。

适于治疗动物因组胺引起的，如荨麻疹、药物过敏、过敏性皮炎、血清病、血管性水肿等具有充血、水肿、瘙痒等皮肤和黏膜过敏性疾病。

【制剂】

2 毫升：0.05 克；10 毫升：0.25 克。

【用法与用量】

肌内注射。

一次量，犬、猫 25～50 毫克。

【注意事项】

本品如呈紫红色乃至绿色时，不可使用。

本品有较强刺激性，不可做皮下注射。

对严重的急性过敏性病例，一般先给予肾上腺素，然后再注射本品。全身治疗一般需持续 3 日。

【配伍禁忌】

本品 pH 为 4～5，因而不宜与氨茶碱、巴比妥类药物、青霉素钠、羧苄西林钠、肝素、氢化可的松琥珀酸钠、硫酸吗啡等碱性及生物碱类药物混合静脉滴注或注射。

【不良反应】

有较强的中枢抑制作用。

马来酸氯苯那敏注射液
Chlorphenamine Maleate Injection

【性状】

无色澄明液体。

【作用与用途】

抗组胺作用较苯海拉明强而持久，对中枢神经系统的抑制

作用较轻，但对胃肠道有一定的刺激作用。应用同盐酸苯海拉明。

【制剂】

1毫升：10毫克；2毫升：20毫克。

【用法与用量】

肌内注射。

一次量，小型至中型犬2.5～5.0毫克，中型至大型犬5～10毫克，每日一次，疗程为3天。

犬、猫最高剂量不超过每千克体重0.5毫克。

【注意事项】

本品有较强刺激性，不可做皮下注射。

对于过敏性疾病，本品仅是对症治疗，同时还需对因治疗，否则病症会复发。

对严重的急性过敏性病例，一般先给予肾上腺素，然后再注射本品。全身治疗一般需持续3日。

本品如呈紫红色乃至绿色时，不可使用。

【配伍禁忌】

本品不宜与哌替啶、阿托品等药物合用，亦不宜与氨茶碱混合注射。

【不良反应】

本品有轻度中枢抑制作用。

大剂量静脉注射时常出现中毒症状，以中枢神经系统过度兴奋为主。

第八章 PARTT EIGHT

局部用药物

注射用氯唑西林钠
Cloxacillin Sodium for Injection

【性状】

白色粉末或结晶性粉末。

【作用与用途】

与苯唑西林抗菌谱相似，但抗菌活性有所增强。

对大多数革兰氏阳性菌，特别是耐青霉素金黄色葡萄球菌有效，对金黄色葡萄球菌、链球菌（特别是耐药菌株）等具有杀菌作用。

属于半合成耐酸耐酶青霉素，其优点是不论内服还是肌内注射，均比苯唑西林吸收好，因而血中浓度较高，但食物也可影响其吸收。

本品耐酸，内服吸收快但不完全，受胃内容物影响可降低其生物利用度，故宜空腹给药。

吸收后全身分布广泛，部分可代谢为无活性代谢物，与原型药一起迅速从肾经尿液排泄，犬的半衰期为 0.5 小时。

用于治疗耐青霉素葡萄球菌感染，如乳腺炎等。

【制剂】

0.5 克；1 克；2 克。

【用法与用量】

肌内注射。

一次量，犬、猫每千克体重 10～20 毫克，每日 2～3 次。

【注意事项】

临用前用灭菌注射用水配制，现配现用。

对青霉素过敏的动物禁用。

【配伍禁忌】

不应与碱性药物合用。

与四环素类、大环内酯类和酰胺醇类抗生素有拮抗作用。

【不良反应】

可能出现皮疹类过敏反应。

大剂量注射本品可引起抽搐等中枢神经系统毒性反应。

第九章 PART NINE

解　毒　药

第一节　金属络合剂

二巯丙醇注射液
Dimercaprol Injection

【性状】

无色或几乎无色易流动的液体。

有强烈的、类似蒜的异臭。

【作用与用途】

属巯基络合剂，能竞争性与金属离子结合，形成较稳定的水溶性络合物，随尿排出，并使失活的酶复活。但二巯丙醇与金属离子形成的络合物在动物体内有一部分可重新逐渐解离出金属离子和二巯丙醇，后者很快被氧化并失去作用，而游离出的金属离子仍能引起机体中毒。因此，必须反复给予足够剂量的二巯丙醇，使血液中其与金属离子浓度保持 2∶1 的优势，使解离出的金属离子再度与二巯丙醇结合，直至由尿排出为止。巯基酶与金属离子结合得越久，酶的活性越难恢复，所以在宠物接触金属后 1～2 小时内用药，效果较好。

主要用于治疗砷中毒，对汞和金中毒也有效。与依地酸钙钠合用，可治疗幼小动物的急性铅脑病。

对其他金属的促排效果如下：排铅不及依地酸钙钠；排铜不如青霉胺；对锑和铋无效。

【制剂】

1毫升：0.1克；2毫升：0.2克。

【用法与用量】

肌内注射。

一次量，犬、猫每千克体重2.5～5.0毫克。第1～2日，每4小时1次，第3日每8小时1次，以后10日内，每日2次，直至痊愈。

【注意事项】

本品仅供深部肌内注射。

肝、肾功能不良动物应慎用。

碱化尿液可减少络合物的重新解离，减轻肾损害。

【配伍禁忌】

本品可与镉、硒、铁、铀等金属形成有毒络合物，其毒性作用高于金属本身，故应避免同时应用硒和铁盐等。

【不良反应】

二巯丙醇本身对机体其他酶系统有一定抑制作用，如抑制过氧化物酶系的活性，而且其氧化产物又能抑制含巯基酶，故应控制好用量。

二巯丙磺钠注射液
Sodium Dimercaptopropanesulfonate Injection

【性状】

白色至微红色澄明液体；有类似蒜的味道。

【作用与用途】

作用基本与二巯丙醇相同，但毒性较小。

除对砷、汞中毒有效外，对铋、铬、锑中毒亦有效。

【制剂】

5 毫升：0.5 克；10 毫升：1 克。

【用法与用量】

肌内注射、静脉注射。

一次量，犬、猫每千克体重 7～8 毫克。第 1～2 日每 4～6 小时 1 次，第 3 日开始，每日 2 次。

【注意事项】

一般多采用肌内注射，静脉注射速度宜慢。

本品混浊变色时就不能使用。

【不良反应】

静脉注射速度快时可引起呕吐、心动过速等症状。

第二节 胆碱酯酶复活剂

碘解磷定注射液 Pralidoxime Iodide Injection

【性状】

无色或几乎无色澄明液体。

【作用与用途】

有机磷酸酯类杀虫剂（如敌敌畏、1609、1059 等）进入机体后，与体内胆碱酯酶结合，形成磷酰化酶而使之失去水解乙酰胆碱的作用，因而体内发生乙酰胆碱蓄积，出现一系列中毒症状。碘解磷定等解毒药在体内能与磷酰化胆碱酯酶中的磷酰基结合，而将其中的胆碱酯酶游离，恢复其水解乙酰胆碱的活性，故又称胆碱酯酶复活剂。但仅对形成不久的磷酰化胆碱酯酶有效，已老化的酶的活性难以恢复，所以用药越早越好。作用特点是消除肌肉震颤、痉挛的作用快，但消除流涎、出汗

现象作用差。碘解磷定等还能与血中有机磷酸酯类直接结合，成为无毒物质由尿排出。

本品特点是作用迅速，显效很快，但破坏也较快，一次给药作用只能维持 2 小时左右，故需反复给药，连续给药无蓄积作用。本品不易透过血脑屏障，故对中枢神经中毒症状的疗效不佳。

本品对内吸磷（1059）、对硫磷（1605）、乙硫磷等急性中毒的疗效显著；对乐果、敌敌畏、敌百虫、马拉硫磷等中毒及慢性有机磷中毒的疗效较差。

【制剂】

10 毫升：0.25 克；20 毫升：0.5 克。

【用法与用量】

静脉注射。

一次量，犬、猫每千克体重 15～30 毫克。视病情需要可以重复注射。

【注意事项】

用于解救有机磷中毒时，中毒早期疗效较好，若延误用药时间，磷酰化胆碱酯酶老化后则难于复活。治疗慢性中毒无效。

在体内迅速分解，作用维持时间短，必要时 2 小时后重复给药。

抢救中度或重度中毒时，必须同时使用阿托品。

【配伍禁忌】

在碱性溶液中易被水解成氰化物，具有剧毒，忌与碱性药物配合注射。

【不良反应】

大剂量静脉注射时，可直接抑制呼吸中枢；注射速度过快能引起呕吐、运动失调等反应，严重时可发生阵挛性抽搐，甚至引起呼吸衰竭。

第三节　高铁血红蛋白还原剂

亚甲蓝注射液
Methylthioninium Chloride Injection

【性状】

深蓝色澄明液体。应遮光、密闭保存。

【作用与用途】

本品既有氧化作用，又有还原作用，其作用与剂量有关。

亚硝酸盐中毒时，亚硝酸离子可使血液中亚铁血红蛋白氧化为高铁血红蛋白而丧失携氧能力。静脉注射小剂量（每千克体重 1～2 毫克）的亚甲蓝，在体内脱氢辅酶的作用下还原为无色亚甲蓝，后者可使高铁血红蛋白还原为亚铁血红蛋白，恢复携氧能力。

氰化物中毒时，氰离子与组织中的细胞色素氧化酶结合，造成组织缺氧。静脉注射大剂量（每千克体重 2.5～10.0 毫克）的亚甲蓝，在体内产生氧化作用，可将正常的亚铁血红蛋白氧化为高铁血红蛋白。高铁血红蛋白与氰离子有高度的亲和力，能与体内游离的氰离子生成氰化高铁血红蛋白，从而阻止氰离子进入组织对细胞色素氧化酶产生抑制作用。还能与已和细胞色素氧化酶结合的氰离子形成氰化高铁血红蛋白，解除组织缺氧状态。由于氰化高铁血红蛋白不稳定，可再释放出氰离子。若在注射亚甲蓝时，配合应用硫代硫酸钠，后者可与氰离子生成无毒的硫氰化物并由尿排出，但不及亚硝酸钠配合硫代硫酸钠有效。

由于亚甲蓝既有氧化作用又有还原作用，所以临床上既可以用于解救亚硝酸盐中毒，又可用于解救氰化物中毒，但必须

注意用量。亚甲蓝也可用于治疗苯胺、乙酰苯胺中毒，以及氨基比林、磺胺类等药物引起的高铁血红蛋白症。

【制剂】

2毫升：20毫克；5毫升：50毫克；10毫升：100毫克。

【用法与用量】

静脉注射。

治疗亚硝酸盐中毒：一次量，犬、猫每千克体重1～2毫克，注射后1～2小时未见好转，可重复注射以上剂量或半量。

治疗氰化物中毒：一次量，犬、猫每千克体重10毫克（最大剂量为每千克体重20毫克）。根据病情确定是否连用。

【注意事项】

本品刺激性大，禁止皮下注射或肌内注射。

【配伍禁忌】

亚甲蓝溶液与许多药物、强碱性溶液、氧化剂、还原剂和碘化物存在配伍禁忌，所以不得与其混合注射。

【不良反应】

静脉注射过快可引起呕吐、呼吸困难、血压降低、心率加快和心律紊乱。

用药后尿液呈蓝色，有时可产生尿路刺激症状。

第四节 氰化物解毒剂

亚硝酸钠注射液
Sodium Nitrite Injection

【性状】

无色至微黄色澄明液体。

【作用与用途】

本品为氧化剂，可使血红蛋白中的二价铁（Fe^{2+}）氧化成三价铁（Fe^{3+}），形成高铁血红蛋白，后者的Fe^{3+}与CN^-亲和力比氧化型细胞色素氧化酶的Fe^{3+}强，可使已与氧化型细胞色素氧化酶结合的CN^-重新解离，恢复酶的活力。但是高铁血红蛋白与CN^-结合后形成的氰化高铁血红蛋白，在数分钟后又逐渐解离，释出的CN^-又重现毒性，仅能暂时性地延迟氰化物对机体的毒性，故此时宜再注射硫代硫酸钠。本品内服后吸收迅速；静脉注射后立即起作用。

高铁血红蛋白还能竞争性地结合组织中未与细胞色素氧化酶起反应的CN^-。由于亚硝酸钠容易引起高铁血红蛋白症，故不宜重复给药。

【制剂】

10毫升：0.3克。

【用法与用量】

静脉注射。

一次量，犬、猫0.1～0.2克。需要时在1小时后可重复使用半量或全量。

【注意事项】

注射中出现严重不良反应时应立即停止给药。

治疗氰化物中毒时，可引起血压下降，应密切注意血压变化。

治疗氰化物中毒时，同时静脉注射硫代硫酸钠；因过量引起的中毒，可用亚甲蓝解救。

马属动物慎用。

【不良反应】

本品有扩张血管作用，注射速度过快时，可导致血压降低、心动过速、出汗、休克和抽搐。

重复给药及用量过大时，可因形成过多的高铁血红蛋白

而出现发绀、呼吸困难等亚硝酸盐中毒的缺氧症状。

第五节　其他解毒剂

乙酰胺注射液
Acetamide Injection

【性状】

无色澄明液体。

【作用与用途】

为氟中毒解毒剂，对有机氟杀虫和杀鼠药氟乙酰胺、氟乙酸钠等中毒具有解毒作用。

氟乙酰胺进入机体后，被酰胺酶分解生成氟乙酸，氟乙酸钠也可转化为氟乙酸。氟乙酸与细胞内线粒体辅酶A结合形成氟乙酰辅酶A（正常过程应是乙酸与辅酶A结合形成乙酰辅酶A），氟乙酰辅酶A与草酸反应形成氟枸橼酸，阻断三羧酸循环中枸橼酸氧化，破坏了正常的三羧酸循环，妨碍体内能量代谢而导致中毒。

乙酰胺的解毒机理是：由于其化学结构与氟乙酰胺相似，乙酰胺的乙酰基与氟乙酰胺争夺酰胺酶，使氟乙酰胺不能脱胺转化为氟乙酸；乙酰胺被酰胺酶分解生成乙酸，避免氟乙酸对三羧酸循环的干扰，恢复组织正常代谢功能，从而消除有机氟对机体的毒性。

【制剂】

5毫升：0.5克；5毫升：2.5克；10毫升：1克；10毫升：5克。

【用法与用量】

肌内注射、静脉注射。

一次量，犬、猫每千克体重25～50毫克。一般连用5～7日。

【注意事项】

所有氟乙酰胺中毒动物，包括可疑中毒动物，不管发病与否，都应及时给予本品，尤其在早期，应足量给予。

为减轻局部疼痛，肌内注射时可配合使用适量的盐酸普鲁卡因注射液。

与解痉药、半胱氨酸合用，效果较好。

【配伍禁忌】

滑石粉中含有镁离子，能与氟离子形成络合物，减少氟的吸收，降低血中氟浓度。

【不良反应】

本品pH低，刺激性较大，注射时可引起局部疼痛。

附　录

附录一　中华人民共和国农业部令 2013 年第 2 号

《兽用处方药和非处方药管理办法》已于 2013 年 8 月 1 日经农业部第 7 次常务会议审议通过，现予发布，自 2014 年 3 月 1 日起施行。

部长韩长赋

2013 年 9 月 11 日

兽用处方药和非处方药管理办法

第一条　为加强兽药监督管理，促进兽医临床合理用药，保障动物产品安全，根据《兽药管理条例》，制定本办法。

第二条　国家对兽药实行分类管理，根据兽药的安全性和使用风险程度，将兽药分为兽用处方药和非处方药。

兽用处方药是指凭兽医处方笺方可购买和使用的兽药。

兽用非处方药是指不需要兽医处方笺即可自行购买并按照说明书使用的兽药。

兽用处方药目录由农业部制定并公布。兽用处方药目录以外的兽药为兽用非处方药。

第三条　农业部主管全国兽用处方药和非处方药管理工作。

县级以上地方人民政府兽医行政管理部门负责本行政区域

内兽用处方药和非处方药的监督管理，具体工作可以委托所属执法机构承担。

第四条　兽用处方药的标签和说明书应当标注“兽用处方药”字样，兽用非处方药的标签和说明书应当标注“兽用非处方药”字样。

前款字样应当在标签和说明书的右上角以宋体红色标注，背景应当为白色，字体大小根据实际需要设定，但必须醒目、清晰。

第五条　兽药生产企业应当跟踪本企业所生产兽药的安全性和有效性，发现不适合按兽用非处方药管理的，应当及时向农业部报告。

兽药经营者、动物诊疗机构、行业协会或者其他组织和个人发现兽用非处方药有前款规定情形的，应当向当地兽医行政管理部门报告。

第六条　兽药经营者应当在经营场所显著位置悬挂或者张贴“兽用处方药必须凭兽医处方购买”的提示语。

兽药经营者对兽用处方药、兽用非处方药应当分区或分柜摆放。兽用处方药不得采用开架自选方式销售。

第七条　兽用处方药凭兽医处方笺方可买卖，但下列情形除外：

（一）进出口兽用处方药的；

（二）向动物诊疗机构、科研单位、动物疫病预防控制机构和其他兽药生产企业、经营者销售兽用处方药的；

（三）向聘有依照《执业兽医管理办法》规定注册的专职执业兽医的动物饲养场（养殖小区）、动物园、实验动物饲育场等销售兽用处方药的。

第八条　兽医处方笺由依法注册的执业兽医按照其注册的执业范围开具。

第九条　兽医处方笺应当记载下列事项：

（一）畜主姓名或动物饲养场名称；

（二）动物种类、年（日）龄、体重及数量；

（三）诊断结果；

（四）兽药通用名称、规格、数量、用法、用量及休药期；

（五）开具处方日期及开具处方执业兽医注册号和签章。

处方笺一式三联，第一联由开具处方药的动物诊疗机构或执业兽医保存，第二联由兽药经营者保存，第三联由畜主或动物饲养场保存。动物饲养场（养殖小区）、动物园、实验动物饲育场等单位专职执业兽医开具的处方笺由专职执业兽医所在单位保存。

处方笺应当保存二年以上。

第十条 兽药经营者应当对兽医处方笺进行查验，单独建立兽用处方药的购销记录，并保存二年以上。

第十一条 兽用处方药应当依照处方笺所载事项使用。

第十二条 乡村兽医应当按照农业部制定、公布的《乡村兽医基本用药目录》使用兽药。

第十三条 兽用麻醉药品、精神药品、毒性药品等特殊药品的生产、销售和使用，还应当遵守国家有关规定。

第十四条 违反本办法第四条规定的，依照《兽药管理条例》第六十条第二款的规定进行处罚。

第十五条 违反本办法规定，未经注册执业兽医开具处方销售、购买、使用兽用处方药的，依照《兽药管理条例》第六十六条的规定进行处罚。

第十六条 违反本办法规定，有下列情形之一的，依照《兽药管理条例》第五十九条第一款的规定进行处罚：

（一）兽药经营者未在经营场所明显位置悬挂或者张贴提示语的；

（二）兽用处方药与兽用非处方药未分区或分柜摆放的；

（三）兽用处方药采用开架自选方式销售的；

（四）兽医处方笺和兽用处方药购销记录未按规定保存的。

第十七条 违反本办法其他规定的，依照《中华人民共和国动物防疫法》、《兽药管理条例》有关规定进行处罚。

第十八条 本办法自 2014 年 3 月 1 日起施行。

附录二　中华人民共和国农业部公告第 1997 号

根据《兽药管理条例》和《兽用处方药和非处方药管理办法》规定，我部组织制定了《兽用处方药品种目录（第一批）》，现予发布，自 2014 年 3 月 1 日起施行。

特此公告。

附件：《兽用处方药品种目录（第一批）》

农业部

2013 年 9 月 30 日

附件

兽用处方药品种目录（第一批）

一、抗微生物药

（一）抗生素类

1. β-内酰胺类： 注射用青霉素钠、注射用青霉素钾、氨苄西林混悬注射液、氨苄西林可溶性粉、注射用氨苄西林钠、注射用氯唑西林钠、阿莫西林注射液、注射用阿莫西林钠、阿莫西林片、阿莫西林可溶性粉、阿莫西林克拉维酸钾注射液、阿莫西林硫酸黏菌素注射液、注射用苯唑西林钠、注射用普鲁卡因青霉素、普鲁卡因青霉素注射液、注射用苄星青霉素。

2. 头孢菌素类： 注射用头孢噻呋、盐酸头孢噻呋注射液、注射用头孢噻呋钠、头孢氨苄注射液、硫酸头孢喹肟注射液。

3. 氨基糖苷类： 注射用硫酸链霉素、注射用硫酸双氢链霉素、硫酸双氢链霉素注射液、硫酸卡那霉素注射液、注射用硫酸卡那霉素、硫酸庆大霉素注射液、硫酸安普霉素注射液、硫酸安普霉素可溶性粉、硫酸安普霉素预混剂、硫酸新霉素溶液、硫酸新霉素粉（水产用）、硫酸新霉素预混剂、硫酸新霉素可溶性粉、盐酸大观霉素可溶性粉、盐酸大观霉素盐酸林可霉素可溶性粉。

4. 四环素类： 土霉素注射液、长效土霉素注射液、盐酸土霉素注射液、注射用盐酸土霉素、长效盐酸土霉素注射液、四环素片、注射用盐酸四环素、盐酸多西环素粉（水产用）、盐酸多西环素可溶性粉、盐酸多西环素片、盐酸多西环素注射液。

5. 大环内酯类： 红霉素片、注射用乳糖酸红霉素、硫氰酸红霉素可溶性粉、泰乐菌素注射液、注射用酒石酸泰乐菌素、酒石酸泰乐菌素可溶性粉、酒石酸泰乐菌素磺胺二甲嘧啶可溶性粉、磷酸泰乐菌素磺胺二甲嘧啶预混剂、替米考星注射液、替米考星可溶性粉、替米考星预混剂、替米考星溶液、磷酸替米考星预混剂、酒石酸吉他霉素可溶性粉。

6. 酰胺醇类： 氟苯尼考粉、氟苯尼考粉（水产用）、氟苯尼考注射液、氟苯尼考可溶性粉、氟苯尼考预混剂、氟苯尼考预混剂（50%）、甲砜霉素注射液、甲砜霉素粉、甲砜霉素粉（水产用）、甲砜霉素可溶性粉、甲砜霉素片、甲砜霉素颗粒。

7. 林可胺类： 盐酸林可霉素注射液、盐酸林可霉素片、盐酸林可霉素可溶性粉、盐酸林可霉素预混剂、盐酸林可霉素硫酸大观霉素预混剂。

8. 其他： 延胡索酸泰妙菌素可溶性粉。

（二）合成抗菌药

1. 磺胺类药： 复方磺胺嘧啶预混剂、复方磺胺嘧啶粉（水产用）、磺胺对甲氧嘧啶二甲氧苄啶预混剂、复方磺胺对甲氧嘧啶粉、磺胺间甲氧嘧啶粉、磺胺间甲氧嘧啶预混剂、复方磺胺间甲氧嘧啶可溶性粉、复方磺胺间甲氧嘧啶预混剂、磺胺间甲氧嘧啶钠粉（水产用）、磺胺间甲氧嘧啶钠可溶性粉、复方磺胺间甲氧嘧啶钠粉、复方磺胺间甲氧嘧啶钠可溶性粉、复方磺胺二甲嘧啶粉（水产用）、复方磺胺二甲嘧啶可溶性粉、复方磺胺甲噁唑粉、复方磺胺甲噁唑粉（水产用）、复方磺胺氯达嗪钠粉、磺胺氯吡嗪钠可溶性粉、复方磺胺氯吡嗪钠预混剂、磺胺喹噁啉二甲氧苄啶预混剂、磺胺喹噁啉钠可溶性粉。

2. 喹诺酮类药：恩诺沙星注射液、恩诺沙星粉（水产用）、恩诺沙星片、恩诺沙星溶液、恩诺沙星可溶性粉、恩诺沙星混悬液、盐酸恩诺沙星可溶性粉、乳酸环丙沙星可溶性粉、乳酸环丙沙星注射液、盐酸环丙沙星注射液、盐酸环丙沙星可溶性粉、盐酸环丙沙星盐酸小檗碱预混剂、维生素C磷酸酯镁盐酸环丙沙星预混剂、盐酸沙拉沙星注射液、盐酸沙拉沙星片、盐酸沙拉沙星可溶性粉、盐酸沙拉沙星溶液、甲磺酸达氟沙星注射液、甲磺酸达氟沙星溶液、甲磺酸达氟沙星粉、甲磺酸培氟沙星可溶性粉、甲磺酸培氟沙星注射液、甲磺酸培氟沙星颗粒、盐酸二氟沙星片、盐酸二氟沙星注射液、盐酸二氟沙星粉、盐酸二氟沙星溶液、诺氟沙星粉（水产用）、诺氟沙星盐酸小檗碱预混剂（水产用）、乳酸诺氟沙星可溶性粉（水产用）、乳酸诺氟沙星注射液、烟酸诺氟沙星注射液、烟酸诺氟沙星可溶性粉、烟酸诺氟沙星溶液、烟酸诺氟沙星预混剂（水产用）、噁喹酸散、噁喹酸混悬液、噁喹酸溶液、氟甲喹可溶性粉、氟甲喹粉、盐酸洛美沙星片、盐酸洛美沙星可溶性粉、盐酸洛美沙星注射液、氧氟沙星片、氧氟沙星可溶性粉、氧氟沙星注射液、氧氟沙星溶液（酸性）、氧氟沙星溶液（碱性）。

3. 其他：乙酰甲喹片、乙酰甲喹注射液。

二、抗寄生虫药

（一）抗蠕虫药：阿苯达唑硝氯酚片、甲苯咪唑溶液（水产用）、硝氯酚伊维菌素片、阿维菌素注射液、碘硝酚注射液、精制敌百虫片、精制敌百虫粉（水产用）。

（二）抗原虫药：注射用三氮脒、注射用喹嘧胺、盐酸吖啶黄注射液、甲硝唑片、地美硝唑预混剂。

（三）杀虫药：辛硫磷溶液（水产用）、氯氰菊酯溶液（水产用）、溴氰菊酯溶液（水产用）。

三、中枢神经系统药物

（一）中枢兴奋药：安钠咖注射液、尼可刹米注射液、樟脑磺酸钠注射液、硝酸士的宁注射液、盐酸苯噁唑注射液。

（二）镇静药与抗惊厥药：盐酸氯丙嗪片、盐酸氯丙嗪注射液、地西泮片、地西泮注射液、苯巴比妥片、注射用苯巴比妥钠。

（三）麻醉性镇痛药：盐酸吗啡注射液、盐酸哌替啶注射液。

（四）全身麻醉药与化学保定药：注射用硫喷妥钠、注射用异戊巴比妥钠、盐酸氯胺酮注射液、复方氯胺酮注射液、盐酸赛拉嗪注射液、盐酸赛拉唑注射液、氯化琥珀胆碱注射液。

四、外周神经系统药物

（一）拟胆碱药：氯化氨甲酰甲胆碱注射液、甲硫酸新斯的明注射液。

（二）抗胆碱药：硫酸阿托品片、硫酸阿托品注射液、氢溴酸东莨菪碱注射液。

（三）拟肾上腺素药：重酒石酸去甲肾上腺素注射液、盐酸肾上腺素注射液。

（四）局部麻醉药：盐酸普鲁卡因注射液、盐酸利多卡因注射液。

五、抗炎药

氢化可的松注射液、醋酸可的松注射液、醋酸氢化可的松注射液、醋酸泼尼松片、地塞米松磷酸钠注射液、醋酸地塞米松片、倍他米松片。

六、泌尿生殖系统药物

丙酸睾酮注射液、苯丙酸诺龙注射液、苯甲酸雌二醇注射液、黄体酮注射液、注射用促黄体释放激素 A_2、注射用促黄体释放激素 A_3、注射用复方鲑鱼促性腺激素释放激素类似物、注射用复方绒促性素 A 型、注射用复方绒促性素 B 型。

七、抗过敏药

盐酸苯海拉明注射液、盐酸异丙嗪注射液、马来酸氯苯那敏注射液。

八、局部用药物

注射用氯唑西林钠、头孢氨苄乳剂、苄星氯唑西林注射液、氯唑西林钠氨苄西林钠乳剂（泌乳期）、氨苄西林氯唑西林钠乳房注入液（泌乳期）、盐酸林可霉素硫酸新霉素乳房注入剂（泌乳期）、盐酸林可霉素乳房注入剂、盐酸吡利霉素乳房注入剂。

九、解毒药

（一）金属络合剂：二巯丙醇注射液、二巯丙磺钠注射液。

（二）胆碱酯酶复活剂：碘解磷定注射液。

（三）高铁血红蛋白还原剂：亚甲蓝注射液。

（四）氰化物解毒剂：亚硝酸钠注射液。

（五）其他解毒剂：乙酰胺注射液。

附录三 中华人民共和国农业部公告第2471号

根据《兽药管理条例》和《兽用处方药和非处方药管理办法》规定，我部组织制定了《兽用处方药品种目录（第二批）》，现予发布，自发布之日起施行。对列入目录的兽药品种，兽药生产企业按照有关要求自行增加“兽用处方药”标识，印制新的标签和说明书。原标签和说明书，兽药生产企业可继续使用至2017年6月30日，此前使用原标签和说明书生产的兽药产品，在产品有效期内可继续销售使用。

特此公告。

附件：兽用处方药品种目录（第二批）

农业部

2016年11月28日

兽用处方药品种目录（第二批）

序号	通用名称	分类	
1	硫酸黏菌素预混剂	抗生素类	
2	硫酸黏菌素预混剂（发酵）	抗生素类	
3	硫酸黏菌素可溶性粉	抗生素类	
4	三合激素注射液	泌尿生殖系统药物	
5	复方水杨酸钠注射液	中枢神经系统药物	含巴比妥

（续）

序号	通用名称	分类	
6	复方阿莫西林粉	抗生素类	
7	盐酸氨丙啉磺胺喹噁啉钠可溶性粉	磺胺类药	
8	复方氨苄西林粉	抗生素类	
9	氨苄西林钠可溶性粉	抗生素类	
10	高效氯氰菊酯溶液	杀虫药	
11	硫酸庆大-小诺霉素注射液	抗生素类	
12	复方磺胺二甲嘧啶钠可溶性粉	磺胺类药	
13	联磺甲氧苄啶预混剂	磺胺类药	
14	复方磺胺喹噁啉钠可溶性粉	磺胺类药	
15	精制敌百虫粉	杀虫药	
16	敌百虫溶液（水产用）	杀虫药	
17	磺胺氯达嗪钠乳酸甲氧苄啶可溶性粉	磺胺类药	
18	注射用硫酸头孢喹肟	抗生素类	
19	乙酰氨基阿维菌素注射液	抗生素类	

附录四 中华人民共和国农业农村部公告第245号

根据《兽药管理条例》和《兽用处方药和非处方药管理办法》规定，我部组织制定了《兽用处方药品种目录（第三批）》，现予发布，自发布之日起施行。对列入目录的兽药品种，兽药生产企业按照有关要求自行增加“兽用处方药”标识，印制新的标签和说明书。原标签和说明书，兽药生产企业可继续使用至2020年6月30日，此前使用原标签和说明书生产的兽药产品，在产品有效期内可继续销售使用。

特此公告。

附件：兽用处方药品种目录（第三批）

农业农村部

2019年12月19日

兽用处方药品种目录（第三批）

序号	通用名称	分类	备注
1	吉他霉素预混剂	抗生素类	
2	金霉素预混剂	抗生素类	
3	磷酸替米考星可溶性粉	抗生素类	
4	亚甲基水杨酸杆菌肽可溶性粉	抗生素类	
5	头孢氨苄片	抗生素类	

（续）

序号	通用名称	分类	备注
6	头孢噻呋注射液	抗生素类	
7	阿莫西林克拉维酸钾片	抗生素类	
8	阿莫西林硫酸黏菌素可溶性粉	抗生素类	
9	阿莫西林硫酸黏菌素注射液	抗生素类	
10	盐酸沃尼妙林预混剂	抗生素类	
11	阿维拉霉素预混剂	抗生素类	
12	马波沙星片	合成抗菌药	
13	马波沙星注射液	合成抗菌药	
14	注射用马波沙星	合成抗菌药	
15	恩诺沙星混悬液	合成抗菌药	
16	美洛昔康注射液	抗炎药	
17	戈那瑞林注射液	泌尿生殖系统药物	
18	注射用戈那瑞林	泌尿生殖系统药物	
19	土霉素子宫注入剂	局部用药物	
20	复方阿莫西林乳房注入剂	局部用药物	
21	硫酸头孢喹肟乳房注入剂（泌乳期）	局部用药物	
22	硫酸头孢喹肟子宫注入剂	局部用药物	

参考文献

李德富，闵正沛，李军，2007. 新编兽医临床药物手册. 南宁：广西科学技术出版社.

苏根元，苏宇清，2005. 简明兽医药物实用手册. 北京：中国农业科学技术出版社.

王庆波，宋华宾，2010. 宠物医师临床药物手册. 北京：金盾出版社.

中国兽药典委员会，2020. 中华人民共和国兽药典（2020 年版）. 北京：中国农业出版社.

图书在版编目（CIP）数据

宠物处方药速查手册 / 刘建柱主编．—2版．—北京：中国农业出版社，2023.10

ISBN 978-7-109-31305-7

Ⅰ．①宠…　Ⅱ．①刘…　Ⅲ．①宠物—兽医学—药物—手册　Ⅳ．①S859.79-62

中国国家版本馆CIP数据核字（2023）第204714号

中国农业出版社出版

地址：北京市朝阳区麦子店街18号楼

邮编：100125

责任编辑：武旭峰

版式设计：王　晨　　责任校对：吴丽婷

印刷：北京通州皇家印刷厂

版次：2014年3月第1版　　2023年10月第2版

印次：2023年10月第2版北京第1次印刷

发行：新华书店北京发行所

开本：880mm×1230mm　1/32

印张：5.75

字数：145千字

定价：34.00元
